Google代碼管理工具 (GTM)工作現場實戰指引

神谷英男,石本憲貴,礒崎将一 [著],小川卓 [監修]‧陳亦苓 譯

前言

「我想學 Google 代碼管理工具，但不知該從何著手。」

在平日的工作中，我經常聽到客戶及研討會的學員們有這樣的困擾。

上網搜尋就會發現，Google 代碼管理工具的應用範例及設定方法等都有一定程度的公開資訊可取得，要學會基本知識可說是不成問題。然而比起 Google Analytics（分析），Google 代碼管理工具（GTM，Google Tag Manager）顯然還不是那麼普及。那麼是什麼阻礙了 GTM 的普及呢？

這幾年來我觀察了各式各樣來諮詢的人們，這讓我心中浮現了一個假設。那就是「沒有能夠輕鬆學習的環境」。

以 Google Analytics 來說，由於 Google 有提供示範帳戶，故即使學習者無法自行準備網站，也還是能學習基本的知識與操作。但 Google 代碼管理工具並沒有這樣的示範環境，所以就必須以既有的網站為基礎來進行學習。

而 Google 代碼管理工具一旦設定錯誤，就可能無法測量數據，或是會傳送出錯誤的資料等，因此不可能用客戶的網站來學習並實驗。

要是學習者本身有營運網站的話當然就不成問題，可是打算開始學習 GTM 的人多半都沒有自己的網站可用。在這種情況下，就必須多花時間和力氣去申請免費的部落格空間或付費的伺服器空間來建構網站。而且網站也不是隨便做做就行，若沒有根據實際狀況精心設計，能學到的內容也會相當有限。

如上所述，正因為在學習 Google 代碼管理工具之前就已有這麼多該做的準備工作要做，於是大家便都放棄了。

本書是以「讓所有人都能輕鬆學習實用的 Google 代碼管理工具」為概念撰寫。

與市面上既有書籍的最大差異在於，本書將介紹示範環境的建構方法，以解決前述的學習環境問題。藉此，便可讓沒有網站的初學者擁有能夠反覆嘗試、不怕犯錯的學習環境。此外本書還有一個特色，就是重視「實用性」。本書不像一般字典或教學課程那樣逐一介紹 Google 代碼管理工具的每一個功能，而是精心挑選實務上常用的例子來加以說明，所以不會提及一般很少用到的功能。我們希望各位先學會基本雛形，慢慢地培養出 Google 代碼管理工具的核心知識與技術。如此一來，各位就能夠自行設定、查詢各式各樣的應用方法。

同時理解行銷與技術，並透過橋接及融合兩者來創造綜效的專業人士稱為「行銷技術人員」。這是個尚未被廣泛認識的專業領域，但預計今後其需求與必要性將日益增長。而對於想成為行銷技術人員的人來說，Google 代碼管理工具就是跨出第一步的最合適工具。更何況 Google 已正式宣布通用 Analytics 將於 2023 年 7 月 1 日停止計測，今後將遷移至 GA4，而為了充分發揮 GA4 的潛力，就更需要 Google 代碼管理工具的運用技術。若本書能夠成為最基礎的立足點，提供各位助益，作者至樂可謂莫過於此。

在此衷心期盼本書能為各位的技能提升及事業成果有所貢獻。

2022 年 6 月
謹代表所有作者　神谷英男

Chapter 4 基本操作

Chapter 5 可依用途查找的超實用範例
基本篇

Chapter 6

可依用途查找的超實用範例
應用篇

Appendix

相關的實用小技巧

監修者簡介

小川 卓（Ogawa Taku）

HAPPY ANALYTICS 公司的董事長。

曾於瑞可利（Recruit）、CyberAgent、日本亞馬遜等知名公司擔任網站分析師，現已獨立創業，透過多家公司的外部董事、研究所的客座教授等工作，從事網站分析的啟蒙與推廣。

主要著作包括《ウェブ分析論（暫譯：網站分析論）》、《ウェブ分析レポーティング講座（暫譯：網站分析報告講座）》、《マンガでわかるウェブ分析（暫譯：看漫畫學網站分析）》、《Web サイト分析　改善の教科書（暫譯：網站分析與改善的教科書）》、《あなたのアクセスはいつも誰かに見られている（暫譯：你的存取總是有人看在眼裡）》、《「やりたいこと」からパッと引ける Google アナリティクス 分析 改善のすべてがわかる本（暫譯:直接依據「想做的事」來迅速查詢─徹底瞭解 Google Analytics（分析）的分析與改善）》等。

作者簡介

礒崎 將一（Isozaki Shouichi）

〔撰寫 Chapter 1、3、4〕

OCEANS 公司董事長、大師級網站分析師

關西學院大學文學部畢。歷經大型廣告公司、網路廣告公司等，在網路及實體行銷方面都擁有豐富實務經驗，曾參與超過 50 家公司的相關專案。以「用心甚於用腦」為信念，在 2021 年創立了 OCEANS 公司。以訪問分析、網路廣告、網站改善等為主，協助企業進行數位行銷及數位行銷培訓。

石本 憲貴（Ishimoto Noritaka）

〔撰寫 Chapter 4、5、Appendix〕

Tomoshibi 公司董事長、大師級網站分析師 /AJSA 認證 SEO 顧問

關西大學法學部法律學科畢。做為『以「致勝網路策略」為座右銘的顧問業』，進行訪問分析 /SEO 措施 / 網站及到達網頁（登陸頁面）製作 / 廣告營運等，已為超過 100 家以上的公司提供相關協助。目前積極活躍於包括企業培訓及研討會等講師活動的第一線實務工作。

神谷 英男（Kamiya Hideo）

〔撰寫 Chapter 2、6、Appendix〕

March Consulting 代表、大師級網站分析師

關西大學總合情報學部總合情報學科畢。以大阪產業創造館、大阪商工會議所之註冊專家身份，協助了 200 件以上的新創及中小企業數位行銷改善工作。其專業領域包括以 Google 代碼管理工具取得資料之環境建構、網站的綜合診斷、策略制訂及改善建議等。目前以日本關東和關西地區兩個據點為中心進行各種相關活動。總計共獲得 5 次網站分析師獎。

致謝

石川 榮和（Ishikawa Hidekazu）

在此誠摯感謝石川先生於本書出版時，授予本書 WordPress 佈景主題的使用權。

江尻 俊章（Ejiri Toshiaki）

在此誠摯感謝江尻先生於本書出版時，讓我們使用網站分析師協會的環境。

齊藤 陽子（Saitou Youko）

在此誠摯感謝齊藤小姐於本書出版時，協助進行校正工作。

Chapter 1

什麼是 Google 代碼管理工具？

在 Chapter 1 中，我們將針對為本書主題的 Google 代碼管理工具，解說其概要與基礎知識。藉由理解 Google 代碼管理工具是什麼樣的工具？此工具有何作用？此工具有何特色？⋯⋯ 等等，就比較容易想像導入該工具後的狀況。

導入 Google 代碼管理工具的好處

Google 代碼管理工具（Google Tag Manager，以下簡稱 GTM）是一種自 Google 於 2012 年發佈其測試版以來，一直都可免費使用的 Google 的代碼管理工具。一般簡稱為 GTM。所謂的代碼管理工具，就是指「能夠集中管理各種代碼的工具」。

例如，以往若是要使用 Google Analytics（以下簡稱 GA）和 Yahoo 廣告（僅限日本）的話，就必須將 GA 和 Yahoo 廣告的代碼逐一寫在網頁的 HTML 中。但若是利用 GTM，則只需將 GTM 的單一主要代碼寫在網頁的 HTML 中，即可使用 GA 和 Yahoo 廣告。

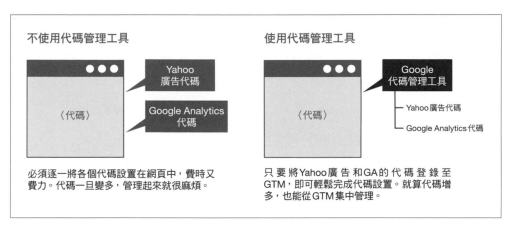

圖 1-1-1　在網頁中設置多個代碼

而 GTM 最主要的特色在於和 Google 產品的高度相容性，尤其是可充分發揮 GA 的功能。在 GTM 的管理畫面中就能直接選擇 Google 產品的代碼，也可輕易導入 Google Analytics 4（以下簡稱 GA4）。

圖 1-1-2 GTM 的新增代碼畫面

在 GTM 的新增代碼畫面中，會將 GA 代碼及 Google Ads 等 Google 產品的各種代碼做為「精選」列出，以供你直接選用。

圖 1-1-3 Google Analytics：GA4 設定

若是利用 GTM，那麼只要登錄 GA4 的評估 ID，即可輕鬆導入 GA4。

藉由「單一代碼」來達成代碼的集中管理

GTM 以僅需主要代碼即可集中管理多個代碼的所謂「單一代碼」技術為其一大特徵。不只是 GTM,這其實是代碼管理工具的共通特性。而具體來說,像這樣集中管理多個代碼能帶來下面這些好處。

可輕鬆新增及刪除代碼

要新增代碼時,通常都需要編輯 HTML 檔。如果網站是外包給外部的製作公司處理,或是由其他部門的負責人員管理的話,甚至必須請製作的公司或其他部門的負責人員去新增或刪除代碼。因此作業起來不僅耗費成本,又很花時間。然而一旦導入 GTM,就能夠直接從其管理畫面輕易自行設置及刪除代碼,不需要編輯 HTML 檔。

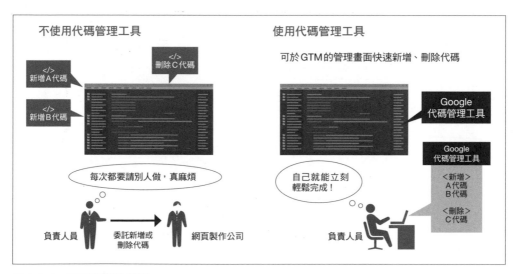

圖 1-1-4 新增及刪除代碼

可方便地管理多個代碼

當代碼的設置不斷增加,隨之而來的便是難以掌握哪個頁面設置了哪些代碼。因為換了個負責人員,於是就搞不清楚哪個頁面設置了哪些代碼這種事可謂時有所聞。而管理不善可能導致很多已經沒在用的舊代碼仍設置於頁面中,又或是導致特定頁面沒設置該設的代碼等問題。藉由使用 GTM,我們就能直接從其管理畫面上查看目前有哪些代碼已設置於哪些頁面。

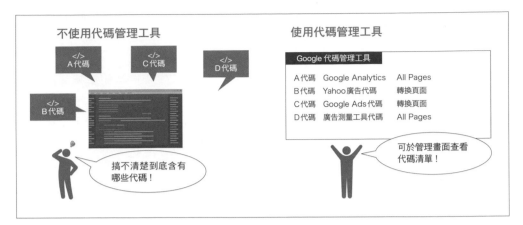

圖 1-1-5　集中管理多個代碼

可降低網頁故障的風險

一旦將許多代碼寫進網頁的 HTML 中，便可能發生頁面顯示變慢、網站的反應速度變慢等問題。設置在網頁中的代碼會於網頁被載入時動作（被觸發），不過在代碼數量不多的情況下，並不會影響網頁的運作。然而若網頁中的代碼多達數十、甚至數百個，就很有可能對網站的顯示速度或動作產生不良影響。藉由使用 GTM，就能在不犧牲網站效能的情況下，設置許多代碼。這可說是 GTM 的重要特色之一。

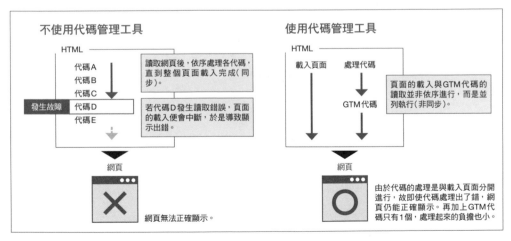

圖 1-1-6　設置代碼對頁面載入的影響

追蹤事件更輕鬆

GTM 還有一個重要的特色，就是可運用所謂的事件追蹤設定，來測量瀏覽頁面的使用者在網頁內的行為。GA 原則上只能以網頁瀏覽為單位進行測量，無法測量在所瀏覽頁面中的行為。例如，於訪問網站後，對文章很有興趣而徹底閱讀至頁面末尾之後才離站的 A 使用者，和雖然訪問了網站，但對文章毫興趣於是便立刻離站的 B 使用者，在 GA 的測量上都同樣被視為「跳出」。亦即基本上具高度興趣的 A 使用者的行為，在 GA 上是無法測量的（※1）。

那麼，無論如何都無法使用 GA 來測量像 A 這樣具高度興趣的使用者的行為嗎？其實並非如此。藉由設定事件追蹤，我們便可用 GA 測量讀完頁面文章、按下按鈕，以及下載 PDF 檔案等在網頁內的使用者行為。不過在 GTM 出現之前，若要進行事件的追蹤，就必須在 HTML 檔裡寫入追蹤事件用的程式碼，而這和新增及刪除代碼一樣，有著必須委託網站製作公司或系統管理員處理的困擾存在。但透過 GTM，我們就能在管理畫面上自行輕鬆追蹤事件，不需編輯 HTML 檔。

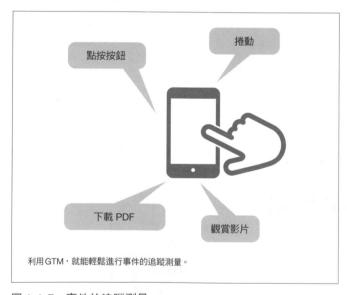

利用GTM，就能輕鬆進行事件的追蹤測量。

圖 1-1-7 事件的追蹤測量

※1 就舊版的通用 Analytics 而言。

將使用者的行為資料連接至其他工具

甚至,我們還能進一步將網頁內的行為資料活用於其他工具。例如所謂的 Google 再行銷廣告,是一種針對瀏覽了特定頁面的使用者投放廣告的手法,而我們可利用 GTM 來進一步提升再行銷廣告的精準度。具體來說,像是以 GTM 測量曾瀏覽特定頁面且捲動了 80% 以上的使用者行為,然後針對這些瀏覽了特定頁面文章 80% 以上的使用者投放再行銷廣告。此外,除了廣告之外,以 GTM 測量的行為資料還能連接至行銷自動化工具及 LPO(Landing Page Optimization,到達網頁最佳化)、EFO(Entry Form Optimization,填寫表單最佳化)等工具。因此學習並精通 GTM,可說是在奠定數位行銷的基礎。

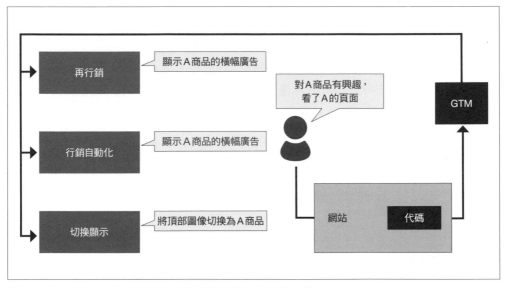

圖 1-1-8　活用 GTM,將使用者的行為資料連接至其他工具

Google 代碼管理工具的三大元素（代碼、 觸發條件、 變數）

前面我們已說明了什麼是 GTM，還有使用 GTM 可以做到哪些事等 GTM 的概要資訊。接下來要再進一步深入解說對 GTM 的操作而言必不可少的「代碼」、「觸發條件」及「變數」這三個概念。「代碼」、「觸發條件」、「變數」是構成 GTM 的三大元素。這些詞彙對從未接觸過 GTM 的人來說或許很陌生，但它們其實沒那麼困難。只要理解這些概念，就會比較容易想像 GTM 的操作，故請務必將它們牢記起來。

代碼

對從事數位行銷的人來說，「代碼」一詞應該很常用。這裡所謂的代碼，其英文原文為 Tag，而 Tag 直譯成中文的話是指「標籤」。在網路業界，寫在 HTML 檔中以「<>」包住的程式碼就叫做「Tag」，中文說成「HTML 標籤」。

而 GA 及廣告代碼等用於數位行銷的 Tag，則是指嵌入於 HTML 中的 JavaScript 程式碼。GTM 所使用的「代碼」也是同樣意思。請記住所謂在 GTM 上進行「代碼設定」，就是在進行各種代碼的登錄作業以使用 GTM 管理這些代碼。

圖 1-2-1　GTM 的代碼畫面

觸發條件

「觸發條件」的英文原文為 trigger，而 trigger 直譯成中文是指「扳機」。請記住在 GTM 裡，這就是指用來觸發所設定之代碼的「條件設定」。例如，要用 GA 測量網站中所有頁面的網頁瀏覽量時，就要登錄發生於「所有網頁」的「網頁瀏覽」觸發條件類型。而要測量在特定頁面上點按按鈕的操作時，則要將觸發條件類型選為「點擊」，並登錄按鈕資訊（CSS 選擇器等）及「僅限於特定頁面」。這裡出現了「觸發條件類型」之類較為困難的詞彙，但不必擔心，我們會在 Chapter 4 進一步詳細說明，目前你只需要記住「觸發條件是用來觸發代碼的條件設定」這樣的概念即可。設定好觸發條件後，選擇要觸發的代碼，透過這樣的組合即可完成設定。另外補充一下，在數位行銷上，通常將代碼開始運作這件事稱為「代碼被觸發了」。也請將此說法一併記住。

圖 1-2-2　GTM 的觸發條件畫面

變數

「變數」的英文原文為 Variable，直譯成中文是指「會變動的值」之意，不過在 GTM 中，這是對輸入於網站等處的值的一種固定稱呼。GTM 中有個叫「Page URL」的變數，只要登錄「Page URL」，就可取得目前網頁的 URL。例如，若是想取得點按按鈕後連往的目的地 URL，那麼要針對所有的目的地設定 URL 實在是太累人。而且就算真的把所有 URL 都設定好，日後還是很有可能會新增或刪除連結的目的地 URL。在這種情況下，就可用「變數」來設定觸發條件。這樣就能自動取得目的地頁面的 URL。

此外「變數」有事先準備好的「內建變數」，和由使用者自行新增的「使用者定義變數」兩種。這裡又出現了有點難的詞彙，不過和觸發條件一樣，我們會在 Chapter 4 做進一步的說明，現在你只需理解將會變動的值裝入名為「變數」的盒子以進行登錄這樣的概念即可。

圖 1-2-3　GTM 的變數畫面

Chapter 2

建構學習環境

學習 Google 代碼管理工具需要有網站，但營運網站必須付費租用伺服器空間及網域等。若想以免費的方式達到目的，也可選擇註冊免費的部落格空間等，不過這樣學習範圍會受到限制。

在這 Chapter 2 中，我們就要為各位介紹如何建構既免費又可廣泛學習的環境。若你沒有自己的網站可用，請務必試試這裡的做法。

Google 代碼管理工具的學習環境

學習 Google 代碼管理工具（以下簡稱 GTM）的方法大致可分為以下三種。

① 將 GTM 導入至自己的網站

已在營運自己的網站的人通常沒什麼困擾，不過也是會有一些例外存在。例如，若是利用簡易網站建構服務所建立的網站，則依各服務不同，有些可能無法導入 GTM，又或者可能必須從免費版換成付費版之後才能導入 GTM。故於導入 GTM 之前，請先確認所用網站服務的規格。

② 將 GTM 導入至免費的部落格服務

若是想要免費又能輕鬆開始，可以選擇免費的部落格服務（但有些部落格服務無法導入 GTM）。而這種做法的缺點在於，由於只能建立該服務已事先做好的固定格式頁面，因此 GTM 的學習範圍便會受到限制。

③ 將 GTM 導入至自己的工作單位或客戶的網站

這是指將 GTM 導入至，又或是已經導入並應用於自己的工作單位或客戶的網站的情況。尤其以後者來說，往往已有固定的運用規則，有不明白的地方時也有公司內的人可以問。只不過畢竟不是自己擁有的網站，難免會有所顧慮而無法輕鬆挑戰、放膽嘗試。

比起 Google Analytics（以下簡稱 GA），目前導入 GTM 的比例可說是相當低。造成此狀況的可能原因很多，但想必「缺乏可輕鬆、免費、不必擔心失敗的學習環境」應該是其中之一。

而且雖說許多網站都有介紹 GTM 的功能及知識，只要上網搜尋一下就能得到很多資訊，但這些資訊都是以「擁有已導入 GTM 的網站」為前提來提供，若是在該前提成立之前就已跌倒的話，便無法循序前進。

因此在這 Chapter 2 裡，我們要介紹的是可免費導入，又不會受到如部落格服務般的格式限制而能廣泛學習的環境建構方式。

此外，本書 Chapter 3 ～ 7 的內容，也都是以 Chapter 2 所建立的學習環境為基礎來進行解說。故即使你擁有自己的網站，也建議你先嘗試建構 Chapter 2 的示範環境。

圖 2-1-1　Chapter 2 建立的學習環境

安裝 LOCAL

首先,我們要利用名為「LOCAL」的工具,在你的電腦上做出伺服器空間,以取代原本需付費租用的伺服器空間服務。

這個 LOCAL,是一種能輕鬆建構 WordPress 本機開發環境的工具。若要詳細解釋篇幅恐怕會很長,不過簡單說來它就是一種「能在公開於網路之前,替網站及部落格製作工具,輕鬆建立出能於個人電腦中進行製作和測試工作之環境的工具」。此工具在 Windows 和 Mac 上都可免費安裝。通常使用 LOCAL 的都是網站製作及開發人員,而在此我們則要嘗試利用 LOCAL 來建構 GTM 的學習環境。

1. 連至以下 URL 後,點按畫面右上角的「DOWNLOAD」。

LOCAL 官方網站的 URL

https://localwp.com/

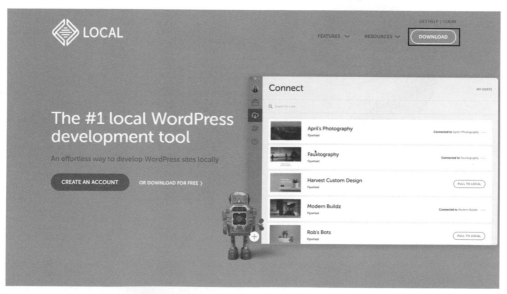

圖 2-2-1　LOCAL 的官方網站

2. 這時會顯示出多個輸入欄位，請在各欄位中輸入對應資訊後，點按「GET IT NOW!」。

Please choose your platform：選擇所使用的 OS（Windows、Mac、Linux）

First Name：輸入名字（例：Taro）

Last Name：輸入姓氏（例：Kaiseki）

Work Email：輸入電子郵件信箱（例：taro.kaiseki@waca.world）

Phone Number：輸入電話號碼（例：090XXXXXXXX）

圖 2-2-2　下載 LOCAL

3. 將 LOCAL 安裝至電腦後，啟動 LOCAL 應用程式，並於最初顯示的畫面中點按
「+ Create a new site」。

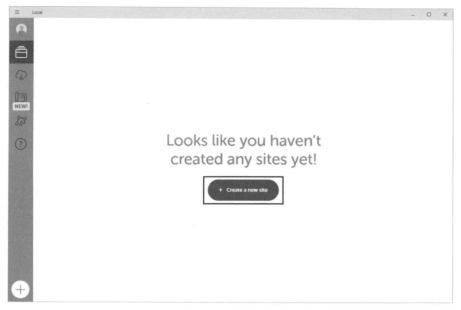

圖 2-2-3　LOCAL 啟動時的畫面

4. 在「Create a site」畫面中點選「Create a new site」項目後按「Continue」鈕，
接著在「 What's your site's name」畫面中會出現多個輸入欄位，請如下輸入後，
按「Continue」鈕。

第一個輸入欄位：示範環境的網域名稱（例：www.waca.world）
Local site domain：與第一個輸入欄位一樣的網域名稱（例：www.waca.world）

你可自由輸入任意名稱來做為網域名稱。但網域名稱末尾的頂級域名部分
（.com、.net、.jp、.tw 等）請勿輸入虛構的名稱，要輸入真實存在的域名較保險。
以往以虛構的頂級域名（如 .aiueo1234 等）建構示範環境，之後用 GA 建立舊版
的通用 Analytics 資源時，就會出現錯誤（若只建立 GA4 的資源則不會有問題）。

此外，在第一個輸入欄位中輸入網域名稱後，點開「Advanced options」（進階選
項），會看到「Local site domain」欄位已自動填入網域名稱，只不過網域名稱中
的「.」（點）被刪除，末尾還加上了「.local」，請手動將「.」（點）加回，並刪除
「.local」，再按「Continue」鈕。

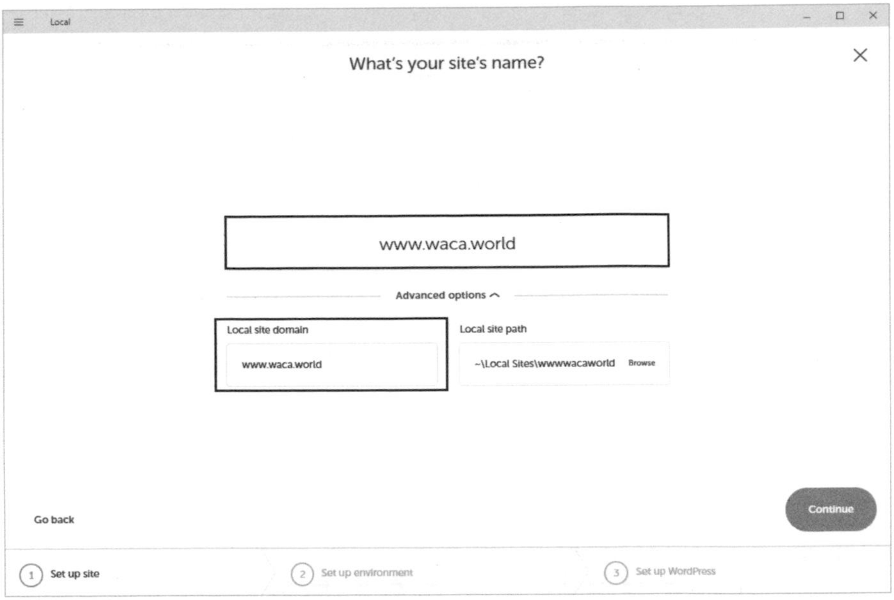

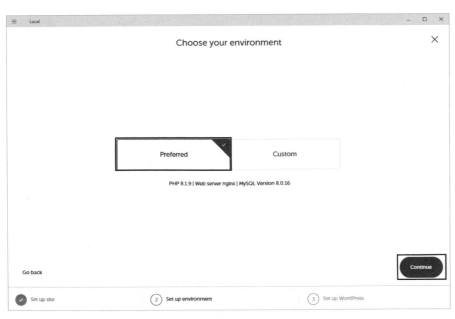

図 2-2-4　What's your site's name 的畫面

5. 接著在「Choose your environment」畫面中，預設選取的是「Preferred」項目。
請保持此狀態，直接按下「Continue」鈕。

図 2-2-5　Choose your environment 的畫面

6. 在「Set up WordPress」畫面中，要進行 WordPress 管理員的使用者帳戶設定。請如下輸入對應的資訊後，按「Add Site」鈕。

WordPress username：任意使用者名稱（例：kaisekitaro）
WordPress password：任意密碼
WordPress e-mail：任意電子郵件地址（例：taro.kaiseki@waca.world）

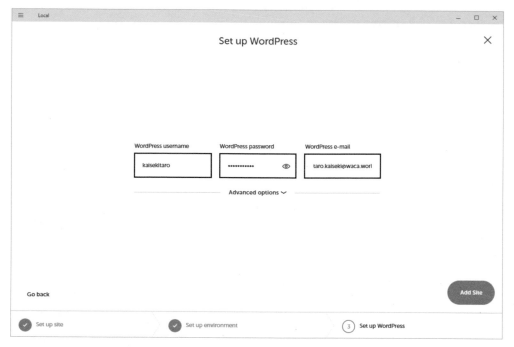

圖 2-2-6　Set up WordPress 的畫面

7. 這樣就完成了 LOCAL 的設定。這時畫面的右上角有「WP Admin」和「Open site」兩個按鈕。點按「WP Admin」鈕便可進入 WordPress 管理畫面的登入頁面。故要變更 WordPress 的設定時，請按「WP Admin」鈕，然後登入 WordPress。「Open site」則能以瀏覽一般網站的方式存取示範環境的網站。想要以一般使用者的角度瀏覽網站時，就按「Open site」鈕。

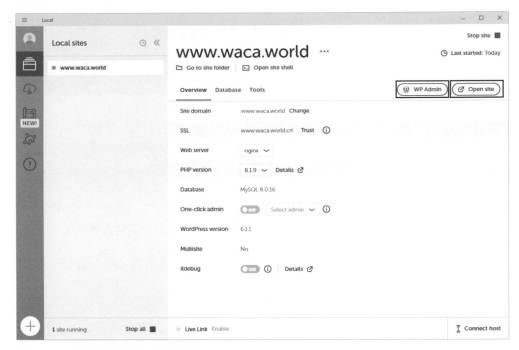

圖 2-2-7　示範環境的基本資訊畫面

替 WordPress 進行初始設定

WordPress 是常用於建構網站及部落格等的系統，據說全世界約有 43% 的網站是以 WordPress 建構而成（截至 2022 年為止）。WordPress 的使用率也很高，可輕鬆自訂，用途又廣泛，故本書的學習環境也選擇以 WordPress 為基礎來建立。

1. 啟動 LOCAL 後，點按其畫面右上角的「WP Admin」鈕。這時會顯示 WordPress 的登入畫面，請如下輸入對應資訊後按「Log In」鈕登入。

Username or Email Address：先前在 LOCAL 設定的使用者名稱（例：kaisekitaro）
Password：先前在 LOCAL 設定的密碼

圖 2-3-1　WordPress 登入畫面

2. 成功登入後，就會顯示出被稱做 Dashboard 的 WordPress 管理頁面。以 LOCAL 安裝的 WordPress 會採用英文介面，為了方便操作，我們把介面改成用中文顯示。

請從管理頁面左側的選單點選「Settings > General」。

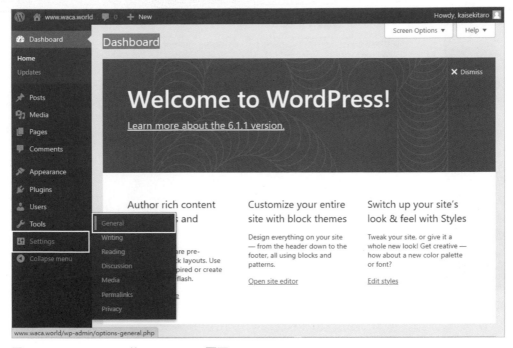

圖 2-3-2　WordPress 的 Dashboard 頁面

3. 設定如下的各個項目後，點按畫面最下端的「Save Changes」鈕。

Site Language：繁體中文

Timezone：Taipei

Date Format：Y-m-d

Time Format：H:i

Week Starts On：Sunday

※ 只要更改 Site Language 的設定即可將介面切換為中文，但為了與本書的顯示格式一致，在此也請一併設定其他項目。

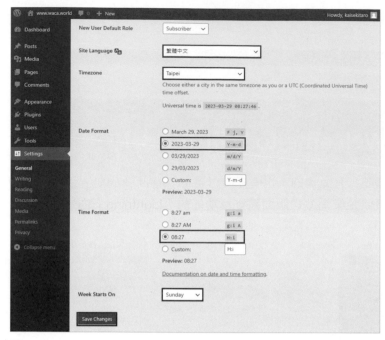

圖 2-3-3　WordPress 的 Setting-General 頁面

4. 待顯示出繁體中文的畫面，就表示設定完成。

圖 2-3-4　將 WordPress 變更為中文介面後的畫面

安裝 Lightning

WordPress 中有一種叫「佈景主題」的網站範本（雛形）存在。利用佈景主題，就能大幅節省從零開始設定 WordPress 並建構版面所需花費的力氣與時間。

這些佈景主題種類繁多，有免費的，也有需要付費的。在此我們便要以 VECTOR 公司所提供的具備類似企業網站之版面編排及功能的「Lightning」佈景主題為基礎，來進行環境的建構。

> **POINT**
>
> 步驟 3～8 所使用的「All-in-One WP Migration」在匯入資料時，會覆寫 WordPress 的內容。若是在你自己管理的既有 WordPress 網站上執行，就會導致資料全部消失，故請務必小心。在還不熟悉 WordPress 的情況下，請一定要在「2-2 安裝 LOCAL」和「2-3 替 WordPress 進行初始設定」所建立的環境下進行操作。

1. 連至以下 URL，往下捲動並點按「Lightning G3 クイックスタート手順」（Lightning G3 Quick Start 步驟）的「STEP1 デモサイトのダウンロード」（下載示範網站）下的「ダウンロード」（下載）鈕。

Lightning G3 的 Quick Start URL

https://lightning.vektor-inc.co.jp/setting/quick-start/

圖 2-4-1　下載 Lightning G3 示範網站資料檔

2. 在 WordPress 的管理畫面中，於左側選單點選「外掛 > 安裝外掛」。

圖 2-4-2　安裝外掛

3. 在「安裝外掛」畫面右上角顯示著「搜尋外掛…」字樣的欄位中，輸入「all in one wp migration」。輸入該串文字後便會找到名為「All-in-One WP Migration」的外掛，請點按其「立即安裝」鈕。接著就請靜候安裝完成，切勿進行任何其他的畫面操作。

圖 2-4-3　安裝 All-in-One WP Migration

4. 當外掛安裝完成，按鈕上的文字就會變成「啟用」，請直接點按該按鈕。

圖 2-4-4　啟用 All-in-One WP Migration

5. 接下來從管理畫面左側的選單點選「All-in-One WP Migration > 匯入」。

圖 2-4-5　使用 All-in-One WP Migration 匯入

6. 點開「匯入來源」選單，選擇「檔案」。這時會彈出選取檔案的視窗，請選取剛剛下載的 Lightning G3 示範網站資料檔。

圖 2-4-6 選擇匯入檔案

7. 接著畫面中會顯示注意事項，請再次詳讀本節一開始處所寫的「POINT」內容之後，再按「繼續」鈕。

圖 2-4-7 與匯入有關的注意事項

8. 當示範網站資料檔匯入完成，就會顯示出已完成的訊息（譯註：由於該資料檔為日文版，故訊息亦為日文），請點按「完成」鈕。

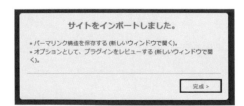

圖 2-4-8 匯入完成的訊息

9. 點按管理畫面左側選單中的任意項目，便會顯示登入畫面。這是因為管理員的登入資訊被匯入的示範網站資料給覆寫了的關係。在此先於下方選擇將介面切換為「繁體中文」，然後輸入如下的登入資訊，按「登入」鈕。

使用者名稱或電子郵件地址：vektor

密碼：vektor

圖 2-4-9　匯入後的管理畫面

10. 登入後會看到一些警告訊息（譯註：由於該資料檔為日文版，故訊息亦為日文），提醒你要修改管理員的電子郵件地址以便接收重要郵件等。我們將直接新增管理員帳戶，故可忽略這些訊息。

圖 2-4-10　登入後看到的警告訊息

11. 從管理畫面左側的選單點選「ユーザー＞新規追加」（使用者＞新增使用者）。

圖 2-4-11　新增使用者

12. 請如下輸入對應的資訊後，按「新規ユーザーを追加」（新增使用者）鈕。

ユーザー名（必須）：任意使用者名稱（例：kaisekitaro）

メール（必須）：任意電子郵件地址（例：taro.kaiseki@waca.world）

言語：繁體中文

パスワード：任意密碼

権限グループ：管理者

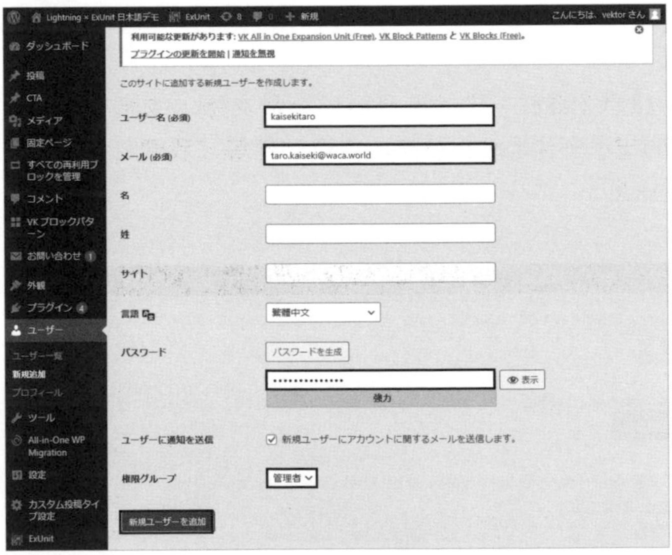

圖 2-4-12　輸入必要資訊以新增使用者

13. 將滑鼠指標移到畫面右上角顯示著「こんにちは、vektor さん」（你好，vektor）的部分，於彈出的選單中點選「ログアウト」（登出）。

圖 2-4-13　登出

14. 於登入畫面將介面切換為「繁體中文」，然後輸入剛剛新增的使用者名稱與密碼，再按「登入」鈕。

圖 2-4-14　用新增的使用者登入

15. 從管理畫面左側的選單點選「使用者 > 全部使用者」。

圖 2-4-15　選擇列出全部使用者

16. 在列出了全部使用者的畫面中，將滑鼠指標移至使用者名稱為「vektor」的使用者上，便會顯示出相關操作的子選單，請點選其中的「刪除」。

圖 2-4-16　列出全部使用者的畫面

17. 在「將全部內容指派給指定使用者」右側的清單選擇剛剛新增的使用者，然後再按下「確認刪除」鈕。

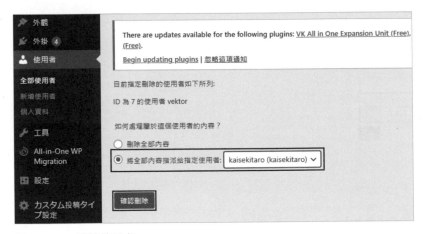

圖 2-4-17　刪除使用者

18. 在 WordPress 的管理畫面中，於左側選單點選「外掛 > 安裝外掛」。

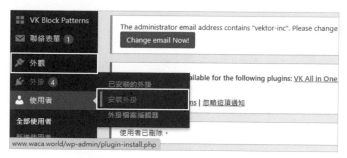

圖 2-4-18　安裝外掛

19. 在「安裝外掛」畫面右上角顯示著「搜尋外掛…」字樣的欄位中，輸入「change admin email」。輸入該串文字後便會找到名為「Change Admin Email」的外掛，請點按其「立即安裝」鈕。接著就請靜候安裝完成，切勿進行任何其他的畫面操作。當外掛安裝完成時，按鈕上的文字會變成「啟用」，請直接點按該按鈕。

圖 2-4-19　安裝 Change Admin Email 外掛

20. 從管理畫面左側的選單點選「設定 > 一般」。

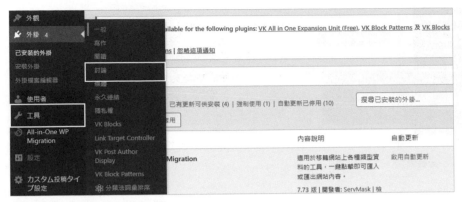

圖 2-4-20　切換至一般設定畫面

21. 在「網站管理員電子郵件地址」欄位輸入剛剛新增之使用者的電子郵件地址（在此順便將「網站標題」、「網站說明」改為中文內容，並把「網站介面語言」改為「繁體中文」）後，點按畫面最下端的「儲存設定」鈕。

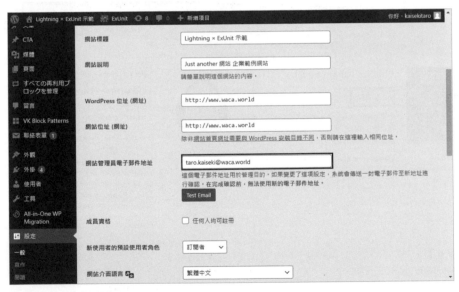

圖 2-4-21　更改管理員的電子郵件地址

這樣就完成了 Lightning 的設定。稍後再為 WordPress 做 GTM 的相關設定，即完成示範環境的建構。關於 GTM 的導入及帳戶建立方法等，都會在 Chapter 3 為各位詳細解說。

Chapter **3**

導入 Google 代碼管理工具

本章將解說 Google 代碼管理工具的帳戶開設方法、帳戶結構，以及由多人進行管理時的設定與相關的便利功能等。請一邊參考本書內容，一邊開設你的 Google 代碼管理工具帳戶。

建立帳戶

要使用 Google 代碼管理工具（以下簡稱 GTM），就必須擁有 Google 帳戶，故請先取得 Google 帳戶。取得 Google 帳戶後，連至 GTM 的官方網站，點按「Start for free」鈕便可移動到 GTM 的管理畫面。而在瀏覽器方面，Google 建議使用 GTM 時可透過 Chrome、Firefox、Microsoft Edge、Safari 這四種瀏覽器，不過從可利用擴充功能以及與 GTM 同為 Google 產品的觀點出發，筆者較推薦以 Chrome 瀏覽器來使用 GTM。

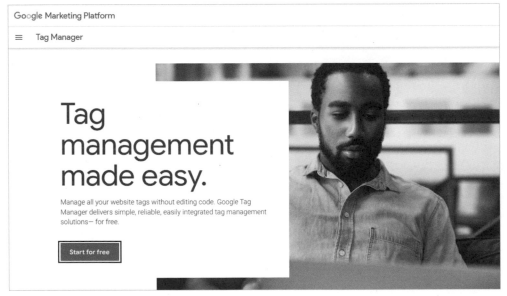

圖 3-1-1　Google 代碼管理工具的官方網站

https://marketingplatform.google.com/about/tag-manager/

若你還未登入 Google 帳戶，那麼這時會先顯示出登入頁面，要求你登入。請輸入你的 Google 帳戶 ID 與密碼，進行登入。一旦成功登入，就會自動跳轉至 GTM 的管理畫面。就算你還未取得 Google 帳戶，也可直接點按登入頁面中的「建立帳戶」連結來申請以取得新帳戶。

圖 3-1-2　Google 帳戶的登入頁面

待出現如下的 GTM 管理畫面後，點按其右上角的「建立帳戶」鈕，以進入 GTM 的帳戶設定。

圖 3-1-3　建立帳戶

關於帳戶與容器

成功建立出 GTM 的帳戶後,接著就要進行「帳戶」與「容器」的設定。雖說都只需依畫面指示輸入資訊即可,並不困難,不過為了更深入理解,讓我們先來好好掌握「帳戶」與「容器」的概念。

什麼是「帳戶」?

這裡的帳戶是指如盒子般用來管理容器的東西。一個帳戶中可包含多個容器。通常管理網站的各個企業都會分別有自己的帳戶(一企業一帳戶)。

什麼是「容器」?

容器是指在 GTM 中設定的網站。通常會針對一個網域或一個網站使用一個容器(一網域一容器)。例如,某家企業管理了 A ～ D 共 4 個網站,則基於為各個網站分別建立容器的原則,通常就會在 1 個帳戶中建立 4 個容器。

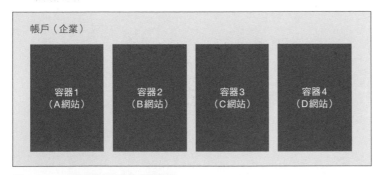

圖 3-2-1　帳戶與容器的結構圖

帳戶與容器的設定

瞭解帳戶與容器的概念後，接著就來進行其設定。設定帳戶時，需輸入「帳戶名稱」與「國家 / 地區」。「帳戶名稱」部分請輸入企業名等任意名稱。至於「國家 / 地區」，若你身在台灣，則請選為「台灣」。而若勾選位於「國家 / 地區」之下的「與 Google 和其他方匿名共用資料」項目，便可使用基準化服務。所謂的基準化服務，就是藉由讓 Google 可取得你公司的資料，來換取以匿名狀態得知其他同業公司或類似網站等基準比較對象的傾向。由於此服務在共享資料時，會刪除所有可識別公司的特定資訊，故若無特殊考量，一般會建議勾選此項。

接著是容器的設定。「容器名稱」和「帳戶名稱」一樣，可輸入任意名稱。為了方便理解，建議可輸入「網站的 URL」或「網站標題」等。輸入「容器名稱」後，於「目標廣告平台」選擇目標平台，再點按「建立」鈕。若你導入 GTM 的對象是網站的話，就請將「目標廣告平台」選為「網路」。

若導入 GTM 的對象是手機 App，請將「目標廣告平台」選為「iOS」或「Android」；若對象是 AMP 網頁，就選「AMP」；想設定伺服器代碼的話，則選擇「Server」。

圖 3-2-2　帳戶與容器的設定畫面

這時會顯示出「Google 代碼管理工具服務合約條款」。截至 2023 年 3 月為止，此條款尚無繁體中文版本。請勾選顯示於頁尾的「我也接受 GDPR 所要求的《資料處理條款》」項目後，點按右上角的「是」鈕，這樣就完成了帳戶的設定。

圖 3-2-3　Google 代碼管理工具服務合約條款

將 GTM 代碼設置於網站中

完成帳戶與容器的設定後，便會自動進入「工作區」，並彈出「安裝 Google 代碼管理工具」的畫面。此畫面會顯示兩種被稱做「Google 代碼管理工具程式碼片段」的程式碼，只要分別複製並貼入至 HTML 的指定位置即可。「Google 代碼管理工具程式碼片段」一般簡稱為 GTM 代碼，而 GTM 代碼是以容器為單位發行。顯示於「安裝 Google 代碼管理工具」畫面上端的代碼，要設置在 <head> 和 </head> 之間盡可能最上方的位置，下端的代碼則要緊接在 <body> 標籤之後設置。原則上，請將這兩種 GTM 代碼設置於目標對象網站的所有網頁中。

圖 3-2-4　安裝 Google 代碼管理工具

學習環境的 GTM 代碼設置方法

接下來要說明，如何針對 Chapter 2 所介紹的 WordPress 學習環境（Lightning 範本）進行 GTM 代碼的設置。我們要對 Lightning 設置 GTM 代碼，以建構可自由接觸 GTM 的環境。

完成 GTM 的初始設定後，就會顯示出工作區的畫面。在上方的選單列中，會顯示出格式為「GTM-●●●●●●●（●為英文字母與數字）」的容器 ID，請將除「GTM-」以外的「●●●●●●●」部分複製起來。

圖 3-2-5　複製 GTM 的容器 ID

接著登入 WordPress，點按管理畫面左側選單中的「ExUnit>Active Setting」。勾選顯示於右側畫面中的「Google Tag Manager」項目，然後捲動至頁面最下端，點按「儲存設定」鈕。

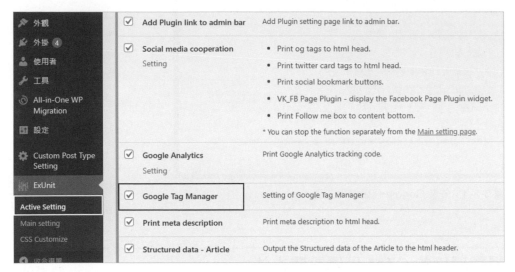

圖 3-2-6　於 WordPress 左側選單點選「ExUnit>Active Setting」

從 WordPress 管理畫面的左側選單點選「ExUnit>Main setting」。然後在右側畫面的「Google Tag Manager Setting」部分的容器 ID 輸入欄位中，貼入剛剛複製的 GTM 容器 ID 英數字部分。最後按下「儲存設定」鈕，即完成 GTM 代碼的設置。這樣就建構好了使用 Lightning 的 GTM 學習環境。

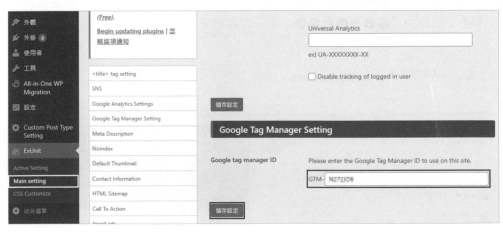

圖 3-2-7　於 WordPress 左側選單點選「ExUnit>Main setting」

由多人管理 GTM 時的設定

不論是由部門來負責管理，還是委託廣告公司等外部企業進行管理，由多人管理 GTM 的形式可說是相當常見。故在此便要為各位介紹新增使用者的方法，以及可方便多人同時管理的相關功能。至於使用 GTM 的代碼設定方法，則將於接下來的 Chapter 4 解說。若是想趕快操作 GTM 以設置代碼的話，請直接跳到 Chapter 4。

新增使用者並賦予權限

若是希望能由多人同時管理 GTM 的管理畫面，那麼可透過新增使用者的方式來增加其他的使用者。而使用者的新增，可與前述的「帳戶」及「容器」這兩種單位相關聯。以下就針對兩種單位分別介紹其設定方法。

首先說明以「帳戶」為單位新增使用者的方法。以帳戶為單位新增的使用者，將能夠檢視與該帳戶相關聯的容器（網站等平台）。當你要新增的使用者會參與該帳戶內的所有容器時，就該以「帳戶」為單位新增。

要以帳戶為單位新增使用者時，請在「管理」分頁中，點按帳戶的「使用者管理」項目。

圖 3-3-1 「管理 > 使用者管理（帳戶）」

接著點按右上角的「＋」號按鈕，這時會顯示出「新增使用者」和「新增使用者群組」兩個選項，請點選其中的「新增使用者」。

圖 3-3-2 「管理 > 使用者管理（帳戶）> 新增使用者」

於輸入電子郵件地址的畫面中，輸入欲新增之使用者的電子郵件地址。請注意，這個電子郵件地址必須是已事先登錄為 Google 帳戶的地址。故於新增使用者之前，務必先確認該使用者是否具備 Google 帳戶。

輸入電子郵件地址後，就要選擇「帳戶權限」。所謂的「帳戶權限」，是指要賦予給所新增之使用者的權限。此權限分為「系統管理員」和「使用者」兩種，其中「系統管理員」具有較高層級的權限。「系統管理員」能夠新增、刪除使用者，以及建立容器。而「使用者」只能夠查看帳戶的基本資訊，無法新增及刪除使用者，也不能建立容器。請勾選「系統管理員」或「使用者」其中一種，再點按右上角的「邀請」鈕。

稍後 Google 便會寄送邀請郵件至所輸入的電子郵件地址，一旦受邀請的使用者接受，便完成了以帳戶為單位的使用者新增。

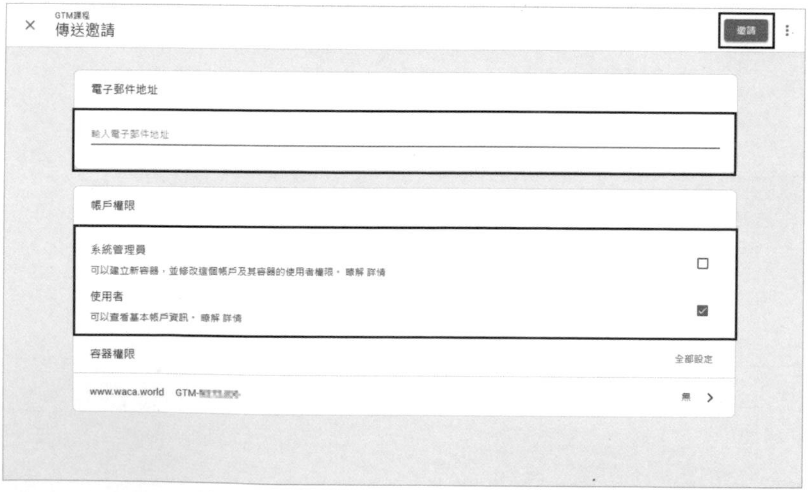

圖 3-3-3 「管理 > 使用者管理（帳戶）> 新增使用者 > 邀請」

繼續要說明受邀請的使用者的接受流程。

首先,在受邀請的使用者接受之前,該新使用者在使用者管理畫面中的狀態會顯示為「已發送邀請,對方尚未接受」。必須等到其狀態變成「擁有存取權」,才算完成使用者的新增。

圖 3-3-4 「管理 > 使用者管理(帳戶)」

受邀請的使用者會收到來自 Google 的邀請郵件,開啟該郵件後,點按內文中 GTM 帳戶名稱下的「Open Invitation in Google Tag Manager」。

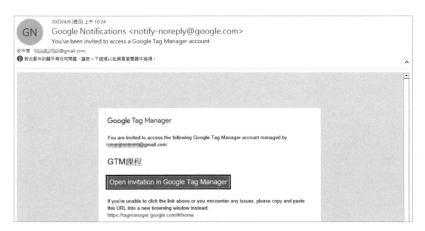

圖 3-3-5 來自 Google 的邀請郵件

點按該連結後,便會連至 GTM 管理畫面的帳戶頁面。在此點按所有帳戶清單最上方的「邀請」項目。

圖 3-3-6 所有帳戶清單

確認受邀請的帳戶資訊後，按「接受」鈕，即完成使用者的新增。

圖 3-3-7 帳戶邀請

接下來說明以「容器」為單位新增使用者的方法。以容器為單位新增的使用者，將能夠管理登錄於該容器的網站的各項設定。當你只要讓新增的使用者參與特定網站時，就可用「容器」為單位新增使用者。

要以容器為單位新增使用者時，請在「管理」分頁中，點按容器的「使用者管理」項目。

圖 3-3-8 「管理 > 使用者管理（容器）」

接著點按右上角的「＋」號按鈕，這時會顯示出「新增使用者」和「新增使用者群組」兩個選項，請點選其中的「新增使用者」。

圖 3-3-9 「管理 > 使用者管理（容器）> 新增使用者」

於輸入電子郵件地址的畫面中，輸入欲新增之使用者的電子郵件地址。請注意，和以帳戶為單位新增使用者時一樣，這個電子郵件地址必須是已事先登錄為 Google 帳戶的地址。故於新增使用者之前，務必先確認該使用者是否具備 Google 帳戶。

輸入電子郵件地址後，就要選擇「容器權限」。權限有「發布」、「核准」、「編輯」、「讀取」共四種。其中「發布」是最高權限，可發布設定好的內容。「核准」可建立版本[1]，但無法發布。「編輯」可建立、編輯工作區，但無法建立及發布版本。「讀取」雖可瀏覽容器的設定內容，但只能查看，無法變更。請勾選其中一種權限，再點按右上角的「邀請」鈕。稍後 Google 便會寄送邀請郵件至所輸入的電子郵件地址，一旦受邀請的使用者接受，便完成了以容器為單位的使用者新增。

圖 3-3-10 「管理 > 使用者管理（容器）> 新增使用者 > 邀請」

[1] 版本：所謂的「版本」，是指在特定時間點的容器的設定狀態。例如，先設定了 A 代碼並發布，之後又再設定 B 代碼並發布，則版本 1 就是只設定了 A 代碼的狀態，而版本 2 為增加並設定了 B 代碼的狀態。像這樣運用版本的好處在於，當發現版本 2 的 B 代碼設定有問題時，可以回復到版本 1。

以帳戶為單位新增使用者時的注意事項

以帳戶為單位並指定用「系統管理員」權限新增使用者時,其容器權限預設為「讀取」。但若是指定用「使用者」權限新增使用者,則預設不會有任何容器權限,故會發生無法查看任何容器的狀況。

因此在以帳戶為單位新增使用者時,請務必記得也要查看並設定容器的權限。

圖 3-3-11　以帳戶為單位新增使用者(指定「使用者」權限)時的容器權限設定

點按「容器權限」右側的「全部設定」，便可選擇與該帳戶相關聯的所有容器的存取權限種類。而點按列在「容器權限」之下的容器名稱，則可針對各個容器分別設定要賦予的存取權限種類。

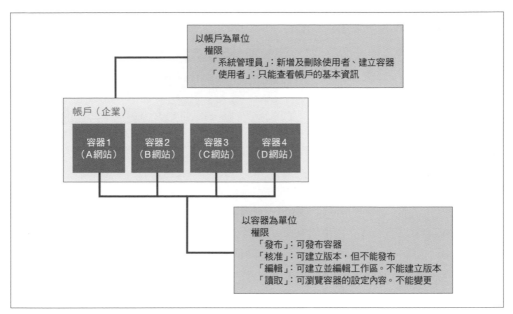

圖 3-3-12　新增使用者與賦予權限的關係圖

容器通知

在由多人同時管理容器的情況下，最讓人擔心的想必就是有某人發布了版本，並在管理者沒注意到的時候新增或變更了代碼這種事。雖說只要查看活動記錄或版本的發布者，就能掌握是誰進行了設定或發布。但除非總是頻繁地查看管理畫面，不然一旦有人做了管理者所不希望做的設定時，肯定無法立刻發現，於是便可能發生測量不當或是設置了不該設置的代碼等問題。

「容器通知」就是用來防範這類問題的功能。藉由設定「容器通知」，就能讓系統在版本發布或建立時寄送電子郵件通知。「容器通知」的設定方法有以帳戶為單位和以容器為單位兩種。若以帳戶為單位設定，系統會在與帳戶相關聯的所有容器的版本發布或建立時，寄送電子郵件通知。而以容器為單位的設定方式，則可針對個別容器分別設定電子郵件通知。

那麼以下就從以帳戶為單位的「容器通知」設定方法開始說明。請點按 GTM 管理畫面右上角的三個點的按鈕，選擇其中的「使用者設定」，進入「使用者設定」畫面。

圖 3-3-13　點選「使用者設定」

進入「使用者設定」畫面後，請往下捲動至位於中段附近的「預設容器通知」部分進行設定。我們可針對版本已發布和已建立新版本（但未發布）這兩種通知條件做設定。版本發布的通知設定，是在「以下情況發生時寄電子郵件給我」下方的「版本已發布」下拉式選單選擇。而建立新版本（但未發布）的通知設定，則是在更下方的「已建立新版本但尚未發布」下拉式選單選擇。

在版本發布通知設定的下拉式選單中，有「永不」、「僅限實際環境」、「一律」三個選項可選。預設選擇的是「永不」，故若是希望系統發出通知，就要選擇「僅限實際環境」或「一律」。如果有在 GTM 上設定如開發環境之類與實際（正式）環境不同的環境設定，那麼藉由選擇「僅限實際環境」，就能限制系統只在版本發布於實際環境時才發出通知。若選擇「一律」，則不論是發布至開發環境還是實際環境，只要有版本發布了，系統都會發出通知。在未進行環境設定的情況下，「僅限實際環境」和「一律」的效果是一樣的。選好下拉式選單後，點按畫面下端的「儲存」鈕，即完成設定。

圖 3-3-14 版本發布通知設定的下拉式選單

在建立新版本（但未發布）通知設定的下拉式選單中，有「永不」和「一律」兩個選項可選。預設選擇的是「永不」，故若是希望系統發出通知，就要選擇「一律」。選好下拉式選單後，點按畫面下端的「儲存」鈕，即完成設定。

圖 3-3-15 建立新版本（但未發布）通知設定的下拉式選單

再來要說明以容器為單位的「容器通知」設定方法。請從 GTM 管理畫面的「管理」分頁中，點按容器的「容器通知」項目。

圖 3-3-16　「管理 > 容器通知」

在容器通知畫面中，和以帳戶為單位設定時一樣，我們可針對版本已發布和已建立新版本（但未發布）這兩種通知條件做設定。

而下拉式選單的內容也和以帳戶為單位的設定一樣。版本發布的通知設定有「永不」、「僅限實際環境」、「一律」三個選項可選，建立新版本（但未發布）的通知設定則只有「永不」和「一律」兩個選項可選。選好下拉式選單後，點按畫面下端的「儲存」鈕，即完成通知設定。

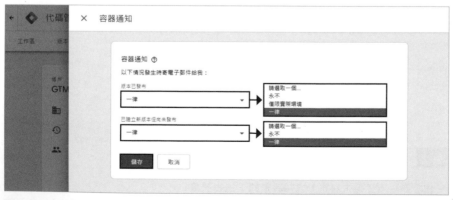

圖 3-3-17　容器通知

容器的匯入與匯出

像是廣告公司或網站製作公司等會同時協助多家企業營運網站的公司，應該都會遇到想將替 A 公司設定的容器內容沿用至 B 公司的情況。而本身經營多個網站的營運商，有時也可能會想把 A 網站的容器設定沿用至 B 網站。由於 GTM 無法複製或移動具有不同容器設定的容器，所以各個容器都必須從頭開始逐一設定，不過利用所謂的「匯入」及「匯出」功能，我們就能將設定移植到別的容器去。因此在管理多個容器的情況下，若能瞭解「匯入」及「匯出」功能，便可有效率地建構 GTM 環境。

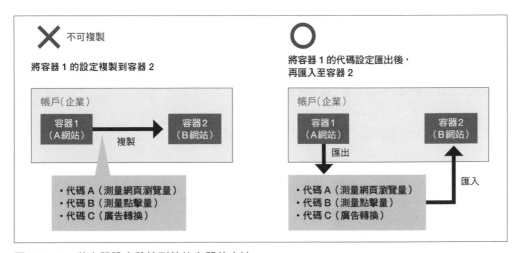

圖 3-3-18　將容器設定移植到其他容器的方法

那麼接著就來說明容器的匯入與匯出方法。首先從容器的匯出開始介紹，亦即說明如何抽出欲沿用的容器設定。在「所有帳戶」畫面中，點按容器右上角的齒輪圖示以進入該容器的「管理」畫面。或是直接從容器的畫面中點按以切換至其「管理」分頁。

圖 3-3-19　從「所有帳戶」畫面點按欲匯出設定之容器的齒輪圖示

待「管理」分頁開啟後，點按「匯出容器」項目。

圖 3-3-20　從「管理」分頁點選「匯出容器」

這時會顯示出工作區與版本資訊，以供你選擇要匯出的設定。

圖 3-3-21　選擇容器工作區或版本

點選工作區或版本，便會顯示出其設定的詳細內容。請勾選想抽出的內容
（Container Items），然後點按右上角的「匯出」鈕，即可下載 JSON 格式的設定
資料（預設會勾選所有項目）。

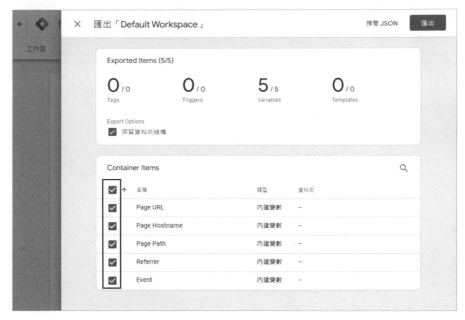

圖 3-3-22　所選工作區的匯出畫面

完成欲沿用之容器設定的匯出後，接下來就要把匯出的 JSON（設定）檔匯入至目標容器。和進入匯出畫面時一樣，匯入畫面也可透過「管理」分頁進入。請從目標容器的「管理」分頁點按「匯入容器」項目。

圖 3-3-23　從「管理」分頁點選「匯入容器」

在顯示出的匯入容器畫面中，上傳先前已匯出的 JSON 檔。然後選擇要將匯入的檔案加入至哪個工作區。除了選擇既有的工作區外，也可選擇建立新的工作區並將檔案加入至其中。

圖 3-3-24　匯入容器畫面（選擇檔案與工作區）

選好要加入至哪個工作區後，繼續在「選擇匯入選項」部分選擇是要用匯入的檔案覆寫所有設定，還是要將匯入的檔案合併至匯入的目標容器。

要用匯入的檔案覆寫所有設定的話，就選「覆寫」。一旦覆寫，既有的內容（代碼、觸發條件、變數）都會被刪除，並換成所匯入之容器檔案的設定。

要將匯入的檔案合併至匯入的目標容器的話，則選「合併」。而選擇合併後，還需要進一步從「覆寫發生衝突的代碼、觸發條件和變數。」以及「重新命名發生衝突的代碼、觸發條件和變數。」這兩種做法中選擇一種。

這是針對在匯入的目標容器中存在有名稱相同但內容不同的變數或代碼、觸發條件時的條件設定。前者會依據所匯入之新內容（代碼、觸發條件、變數）的名稱進行覆寫處理，後者則會將所匯入之新內容（代碼、觸發條件、變數）的名稱更改為不同名稱以保留。

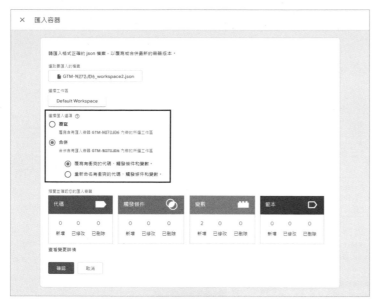

圖 3-3-25　匯入容器畫面（選擇匯入選項）

在「選擇匯入選項」部分選好匯入方式後，下方就會出現「預覽並確認您的匯入容器」，其中會分別針對匯入後的代碼、觸發條件、變數、範本共 4 個項目，列出「新增」、「已修改」、「已刪除」的數量以供確認。若點按「查看變更詳情」，還可進一步確認新增的代碼名稱及觸發條件名稱等變更細節。

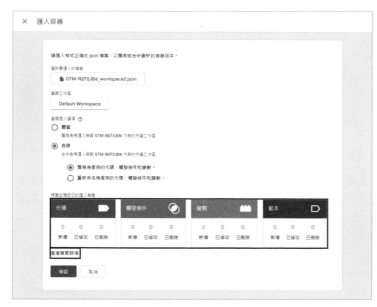

圖 3-3-26　匯入容器畫面（預覽並確認您的匯入容器）

點按「查看變更詳情」確認變更細節符合預期後，按「確認」鈕，即完成匯入操作。

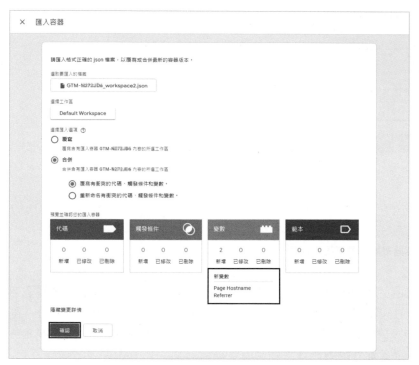

圖 3-3-27　匯入容器畫面（查看變更詳情）

Chapter **4**

基本操作

到了 Chapter 4，我們終於要開始解說如何以 Google
代碼管理工具來設定代碼。讓我們充分運用 Chapter 1
所介紹的代碼、觸發條件及變數這三大要素，實際著手
進行代碼的設定操作。

首先從建立代碼開始

在此要以新版的 Google Analytics（以下簡稱 GA4）的代碼設定為例，說明如何運用 Google 代碼管理工具（以下簡稱 GTM）的基本操作來達成如下的設定。

- 產品：Google Analytics（GA4）
- 設定：能夠測量目標對象網站中所有頁面的網頁瀏覽量

作為 GTM 操作的第一步，讓我們動手設定 GA4 代碼以測量網站的訪問數據資料。

步驟 1　新增 GA4 代碼

從左側選單點選「代碼」後，點按右上角的「新增」鈕以新增代碼。

圖 4-1-1　工作區→「代碼」→「新增」

接著輸入代碼名稱，你可自由輸入任意名稱。以本例來說，由於此代碼是為了「導入 GA4 以測量所有頁面的網頁瀏覽量」而建立的，故在此輸入的是「導入 Google Analytics（GA4）」這樣淺顯易懂的名稱。代碼的名稱輸入完成後，就要進行「代碼設定」，故點按「代碼設定」區。

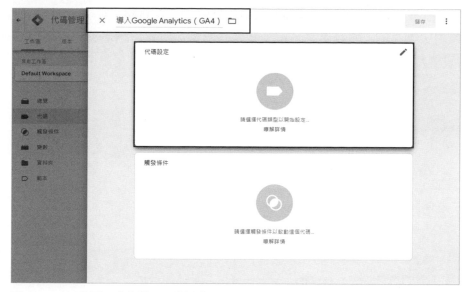

圖 4-1-2　工作區→「代碼」→「新增」

這時右側會顯示出「請選擇代碼類型」畫面,請點選「Google Analytics(分析):
GA4 設定」。

圖 4-1-3　選擇代碼類型

於「評估 ID」欄位輸入 GA4 管理畫面中提供的評估 ID（在 GA4「管理」畫面中，點按「資源」欄下的「資料串流」後，點選欲測量之目標對象串流（本例為網站），即可找到），並且勾選其下的「載入這項設定時傳送一次網頁瀏覽事件」項目。

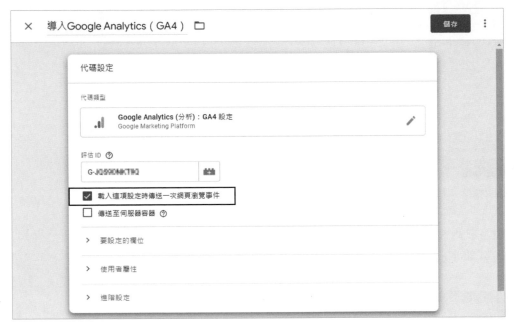

圖 4-1-4　輸入在 GA4 管理畫面中記下來的評估 ID

步驟 2　設定觸發條件

完成代碼設定後，接著就要設定觸發條件。在 Chapter 1 中我們曾說明過，所謂的觸發條件，就是用來觸發所設定之代碼的「條件設定」。本例的觸發條件要設定成讓所設置的 GA4 代碼能夠測量所有頁面的網頁瀏覽量。首先點按「觸發條件」區，然後選擇觸發條件。

圖 4-1-5　設定觸發條件

本例要測量的是所有頁面的網頁瀏覽量，因此點選已列出的「All Pages」，即可完成觸發條件的設定。若已列出的觸發條件都不符合你的需求，那就必須新增觸發條件。

圖 4-1-10　選擇觸發條件

一旦代碼和觸發條件都設定完成，就按右上角的「儲存」鈕，如此便綁定了所設定的代碼與觸發條件。以 GA4 測量目標對象網站的所有網頁瀏覽量的設定至此完成。
※ 要實際能夠測量，還必須做「版本發布」設定才行。而關於版本發布的設定，我們將於本章的 4-7 解說。

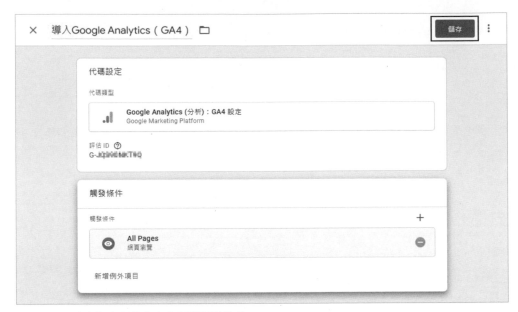

圖 4-1-6　成功綁定所設定之代碼與觸發條件

實際嘗試設定 GA4 的網頁瀏覽測量代碼，是否加深了各位對 GTM 三大要素「代碼、觸發條件、變數」的理解呢？以 GA4 代碼測量目標對象網站的所有網頁瀏覽量只是活用 GTM 的一個例子。GTM 還有除了 GA4 之外的產品代碼及除網頁瀏覽以外的條件觸發等各式各樣的設定方法。接著在後續各節中，我們就要進一步詳細說明 GTM 所能設定的代碼、觸發條件與變數。

代碼的類型介紹

在 GTM 中，除 GA 之外還有許多其他的代碼可選。而可選擇的代碼大致分為支援的代碼、社群範本庫及自訂代碼共 3 種類型。

支援的代碼

所謂支援的代碼 [1]，是指由 Google 官方所支援的代碼，包括列在最上端「精選」部分的代碼，以及列在「更多」部分的其他代碼。其中，「精選」部分列出了 Google Analytics、Google Ads、Google Optimize 等 Google 產品。由於同為 Google 產品，故這些代碼都可在 GTM 中輕鬆設定。

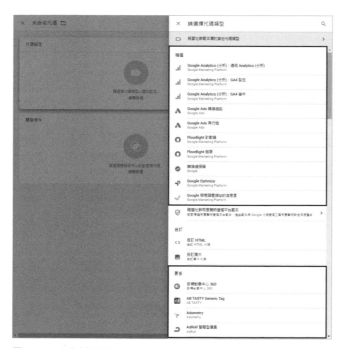

圖 4-2-1　支援的代碼（框起部分）

※1 GTM 支援的代碼一覽表：
    https://support.google.com/tagmanager/answer/6106924?hl=zh-Hant&ref_topic=3002579#

社群範本庫

社群範本庫的內容，是由第三方開發者（而非 Google）所提供的範本。必須注意的是，這些畢竟是第三方製作的範本，因此 Google 並不保證其效能、品質及內容。

在選擇代碼類型時，點按最上端的「探索社群範本庫的其他代碼類型」項目，即可選擇社群範本庫的代碼。

圖 4-2-2　社群範本庫（點按框起部分）

從列出的代碼範本選擇代碼，新增至工作區後，便可使用。

圖 4-2-3　社群範本庫清單

例如，你也可點按右上角的放大鏡圖示，在顯示出的搜尋欄位中輸入「Yahoo」以搜尋並選擇 Yahoo 廣告的範本來使用。

圖 4-2-4　使用搜尋欄位搜尋範本

社群範本庫的頁面中（https://tagmanager.google.com/gallery）包含所有範本的介紹，想事先尋找已登錄於 GTM 的代碼範本來使用時，便可參考此頁面中的介紹。

自訂代碼

不論支援與否，GTM 都可透過自訂代碼的形式來設定未登錄為範本的代碼。欲使用自訂代碼時，請於「請選擇代碼類型」畫面中，點選列在「自訂」部分的「自訂 HTML」或「自訂圖片」。

圖 4-2-5　自訂代碼（框起部分）

例如，想設置熱圖分析工具 Ptengine 的代碼時，就選擇「自訂 HTML」，然後將 Ptengine 提供的代碼複製後貼入至「HTML」欄位，即可完成自訂代碼的設定。

圖 4-2-6　自訂 HTML

觸發條件的類型介紹

從左側選單點選「觸發條件」後，按「新增」鈕。

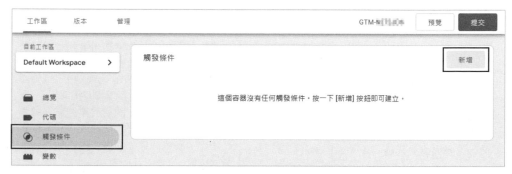

圖 4-3-1　觸發條件設定

接著點按「觸發條件設定」區，即可選擇觸發條件的類型。

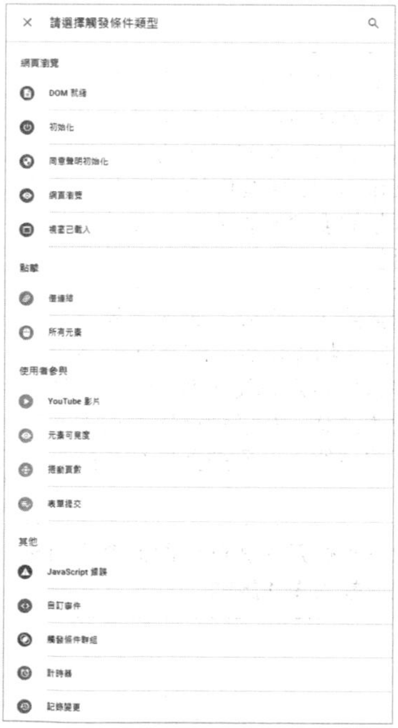

圖 4-3-2　選擇觸發條件類型

除了「網頁瀏覽」外，還有其他各式各樣的觸發條件類型可選。例如也能選擇以點擊連結或在網頁內捲動、播放 YouTube 影片等為條件來觸發代碼。截至 2023 年 4 月為止，共有 16 種類型可選。詳情請見下表。

觸發條件的種類與概要列表			
分類	分類概述	觸發條件類型	說明
網頁瀏覽類	會於網頁載入至瀏覽器時啟動代碼。 此類偵測網頁載入事件的觸發條件有 5 種類型，每種類型各自以不同的判斷基準來決定啟動代碼的時機 而這些類型啟動代碼的先後順序如下 1.「同意聲明初始化」 2.「初始化」 3.「網頁瀏覽」 4.「DOM 就緒」 5.「視窗已載入」	同意聲明初始化	用於進行與同意有關的設定。這是可確實在所有其他觸發條件啟動前生效的觸發條件類型。「同意聲明初始化」觸發條件主要用於設定或更新網站使用者同意聲明狀態的代碼（像是同意聲明管理平台代碼、設定同意聲明預設值的代碼等）。每個網站容器預設都含有「同意聲明初始化 - 所有網頁」觸發條件。而對於單純需在較早階段啟動的代碼，不該使用此「同意聲明初始化」觸發條件，而應使用「初始化」觸發條件
		初始化	這是除了「同意聲明初始化」觸發條件之外，最早啟動的代碼用觸發條件類型。每個網站容器預設都含有「初始化 - 所有網頁」觸發條件。若有任何代碼需要在其他觸發條件之前啟動，就可使用此觸發條件類型
		網頁瀏覽	這會在網頁瀏覽器開始載入網頁時立即啟動。當只需要網頁顯示所產生的資料時，就可選用此類型。這在 GA 的網頁瀏覽測量或 Google Ads 轉換代碼的觸發設定等網頁瀏覽類的觸發條件中，也算是很常用的一個類型
		DOM 就緒	這會在瀏覽器已完全載入 HTML 網頁，已能夠剖析文件物件模型（DOM）時啟動。若代碼是以網頁為基礎並與 DOM 互動來填入變數值的話，為了讓代碼管理工具能夠用到正確的值，就要選擇此類型的觸發條件
		視窗已載入	這會在包含影像及程式碼等內嵌資源的整個網頁完全載入後才啟動

分類	分類概述	觸發條件類型	說明
點擊類	根據點擊事件啟動代碼 包含「所有元素」和「僅連結」2 種類型，可依據點擊測量的範圍來分別運用	所有元素	會檢測網頁上所有元素（連結、影像、按鈕等）的點擊事件。由於也會對除點擊連結（<a> 元素（例如：<a href="www.google.com"> Google.com</a>））以外的點擊事件有反應，故在需要測量如錨點連結等除了連往其他頁面之外的點擊事件時，便可使用此類型
		僅連結	用於只需檢測點擊連結（<a> 元素（例如：<a href="www.google.com"> Google.com</a>））的情況
使用者參與類	會依據使用者的特定行為（播放影片或捲動頁面等）來啟動代碼 包含「YouTube 影片」、「捲動頁數」、「表單提交」、「元素可見度」共 4 種類型	YouTube 影片	可依據對內嵌於網頁中的 YouTube 影片操作來啟動代碼。可測量 YouTube 影片的播放次數、將影片看完的數量，以及看了一定秒數的數量等，能夠只針對有播放影片的使用者顯示廣告
		捲動頁數	可依據使用者將網頁往下捲動了多遠來啟動代碼。能夠檢測網頁已被捲動到多少百分比的位置，故可用於檢測如使用者是否已讀完整篇部落格文章的〇% 等情況
		表單提交	會在表單被送出時啟動代碼。例如，當表單與感謝頁面的 URL 相同而難以設定轉換代碼時，便可用表單提交為條件來設定轉換代碼
		元素可見度	當指定元素在網頁瀏覽器中顯示出來時，便會啟動。可用於如特定橫幅顯示出來（測量橫幅的顯示次數）、位於部落格文章頁尾處的社群媒體連結顯示出來（測量讀完的數量）等情況

4-3

分類	分類概述	觸發條件類型	說明
其他	除上述以外的代碼類型	JavaScript 錯誤	若要在無法捕捉的 JavaScript 例外（window.onError）發生時啟動代碼，便可使用此類型。利用此代碼類型便可將錯誤訊息記錄至分析工具中
		自訂事件	要追蹤標準方法無法處理的操作時，就使用此觸發條件。搭配資料層變數一同運用，便能在一般觸發條件無法指定的獨特時機建立觸發條件
		計時器	能依固定的時間間隔將事件傳送給代碼管理工具。你可使用此觸發條件來測量使用者在網頁上完成任務（閱讀文章、填寫表單、完成購買等）所花費的時間長度。例如可用來測量在表單頁面停留 10 分鐘以上的使用者數量，藉此調查「表單的便利性」等
		觸發條件群組	將多個觸發條件合併成單一條件來啟動。觸發條件群組只會在選擇的所有觸發條件都至少啟動一次之後才啟動，故可依據如「捲動至 A 頁面的一半，且點按了在 A 頁面內的橫幅」這樣的多個條件來啟動代碼
		記錄變更	基於記錄變更事件的觸發條件，會在 URL 有部分（雜湊）變更時，或是網站使用了 HTML5 push State API 時，啟動代碼。這種觸發條件很適合用於追蹤 Ajax 應用程式等的虛擬網頁瀏覽的代碼

參考：https://support.google.com/tagmanager/topic/7679108?hl=zh-Hant&ref_topic=76793840

變數的類型介紹

對於沒有程式設計經驗的人來說，變數一詞可能聽起來很陌生，不過在程式設計的用語裡，據說「變數＝放入數字或文字的盒子」。在 GTM 中，我們會將如 GA 的追蹤 ID 及所測量網頁的 URL 等資訊定義為變數。在 GTM 中，我們會將如 GA 的各種 ID 編號及所測量網頁的 URL 等資訊定義為變數，以便之後能輕鬆方便地用簡短、有意義的名稱來多次設定這些資料，而不必每次輸入如亂碼般很長的各種編號，只要選擇已登錄的變數即可設定代碼。

那麼接著就來介紹一下變數的類型。點按左側選單中的「變數」，即可查看「內建變數」與「使用者定義的變數」共 2 種類型的變數，以下便分別予以解說。

圖 4-4-1　工作區→「變數」

內建變數

所謂的內建變數，就是由 GTM 將常用的值事先準備好並以變數形式提供的變數。這些是無法自訂的特殊類型的變數。例如，用於指定觸發條件之觸發對象頁面的「Page Path」及「Page URL」等，就屬於內建變數。點按「內建變數」區右上角的「設定」鈕，即可查看所有的內建變數。而勾選變數的核取方塊，便能使用該變數。

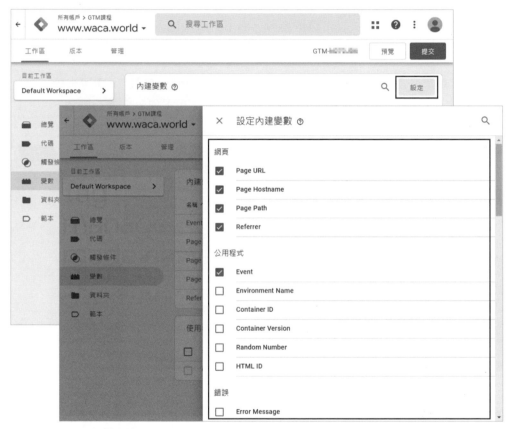

圖 4-4-2　設定內建變數

內建變數分為「網頁」、「公用程式」、「錯誤」、「點擊」、「表單」、「記錄」、「影片」、「捲動」、「可見度」共 9 類。網站用的內建變數截至 2023 年 4 月為止，共有 44 種。詳情請見下表。

內建變數的種類與概要列表（網站用）		
分類	變數名稱	說明
網頁	Page Hostname	目前 URL 的主機名稱
	Page Path	目前 URL 的路徑
	Page URL	目前網頁的完整 URL
	Referrer	目前網頁的完整參照來源 URL
公用程式	Container ID	容器的公開 ID（例如：GTM-XKCD11）
	Container Version	代表容器版本編號的字串
	Environment Name	若容器請求是透過環境的「共用預覽畫面」連結或環境程式碼片段送出，此變數就會是使用者提供的目前環境名稱。若為內建環境，則為「Live」、「Latest」或「Now Editing」其中一者。而所有其他情況皆為空字串
	Event	可取得 dataLayer 的 event 鍵。其值為目前的 dataLayer 事件的名稱（gtm.js、gtm.dom、gtm.load、自訂事件的名稱等）
	HTML ID	表示自訂 HTML 代碼是成功還是失敗。搭配代碼觸發順序使用
	Random Number	會傳回隨機亂數值
錯誤	Error Message	當 JavaScript 錯誤觸發條件成立時，取得 dataLayer 的 gtm.errorMessage 鍵。其值會是包含錯誤訊息的字串
	Error URL	當 JavaScript 錯誤觸發條件成立時，取得 dataLayer 的 gtm.errorUrl 鍵。其值會是包含發生錯誤之 URL 的字串
	Error Line	當 JavaScript 錯誤觸發條件成立時，取得 dataLayer 的 gtm.errorLine 鍵。其值會是檔案中發生錯誤的行數
	Debug Mode	如果容器目前在預覽模式中執行，就會傳回 true
點擊	Click Element	當點擊觸發條件成立時，取得 dataLayer 的 gtm.element 鍵。其值會參照到發生點擊的 DOM 元素
	Click Classes	當點擊觸發條件成立時，取得 dataLayer 的 gtm.elementClasses 鍵。其值為所點擊之 DOM 元素的 class 屬性字串值
	Click ID	當點擊觸發條件成立時，取得 dataLayer 的 gtm.elementId 鍵。其值為所點擊之 DOM 元素的 id 屬性字串值
	Click Target	當點擊觸發條件成立時，取得 dataLayer 的 gtm.elementTarget 鍵

分類	變數名稱	說明
點擊	Click URL	當點擊觸發條件成立時，取得 dataLayer 的 gtm.elementUrl 鍵
	Click Text	當點擊觸發條件成立時，取得 dataLayer 的 gtm.elementText 鍵
表單	Form Classes	當表單觸發條件成立時，取得 dataLayer 的 gtm.elementClasses 鍵。其值會是表單的 class 屬性的字串
	Form Element	當表單觸發條件成立時，取得 dataLayer 的 gtm.element 鍵。其值會參照到表單的 DOM 元素
	Form ID	當表單觸發條件成立時，取得 dataLayer 的 gtm.elementId 鍵。其值會是表單的 id 屬性的字串
	Form Target	當表單觸發條件成立時，取得 dataLayer 的 gtm.elementTarget 鍵
	Form Text	當表單觸發條件成立時，取得 dataLayer 的 gtm.elementText 鍵
	Form URL	當表單觸發條件成立時，取得 dataLayer 的 gtm.elementUrl 鍵
記錄	History Source	當記錄變更觸發條件成立時，取得 dataLayer 的 gtm.historyChangeSource 鍵
	New History Fragment	當記錄變更觸發條件成立時，取得 dataLayer 的 gtm.newUrlFragment 鍵。其值會是記錄變更事件之後的網頁 URL 的部分（雜湊）字串
	New History State	當記錄變更觸發條件成立時，取得 dataLayer 的 gtm.newHistoryState 鍵。其值會是將網頁推送至記錄以引發記錄變更事件的狀態物件
	Old History Fragment	當記錄變更觸發條件成立時，取得 dataLayer 的 gtm.oldUrlFragment 鍵。其值會是記錄變更事件之前的網頁 URL 的部分（雜湊）字串
	Old History State	當記錄變更觸發條件成立時，取得 dataLayer 的 gtm.oldHistoryState 鍵。其值會是在記錄變更事件發生之前作用中的狀態物件
影片	Video Current Time	取得 dataLayer 的 gtm.videoCurrentTime 鍵。其值會是一個整數，代表播放中影片發生事件的時間點（以秒為單位）
	Video Duration	取得 dataLayer 的 gtm.videoDuration 鍵。其值會是一個整數，代表影片的長度（以秒為單位）

分類	變數名稱	說明
影片	Video Percent	取得 dataLayer 的 gtm.VideoPercent 鍵，其值會是一個整數，代表事件發生時的影片播放百分比（0～100）
	Video Provider	YouTube 影片觸發條件成立時，取得 dataLayer 的 gtm.video Provider 鍵。其值會是影片提供者的名稱（亦即「YouTube」）
	Video Status	取得 dataLayer 的 gtm.videoStatus 鍵。其值會是偵測到事件時影片的狀態（「play」、「pause」等）
	Video Title	YouTube 影片觸發條件成立時，取得 dataLayer 的 gtm.videoTitle 鍵。其值會是影片的標題
	Video URL	YouTube 影片觸發條件成立時，取得 dataLayer 的 gtm.videoUrl 鍵。其值會是影片的 URL（如「https://www.youtube.com/watch?v=gvHcXlF0rTU」等）
	Video Visible	YouTube 影片觸發條件成立時，取得 dataLayer 的 gtm.videoVisible 鍵。若能在可視區域中看到影片，其值便會是 true，若看不到（例如在需要捲動才看得到的位置，或位於背景分頁中），則為 false
捲動	Scroll Depth Threshold	當捲動深度觸發條件成立時，取得 dataLayer 的 gtm.scrollThreshold 鍵。其值會是啟動觸發條件的捲動深度數值。門檻值若是以百分比為單位，就是 0～100 的數值，若以像素為單位，則為所指定的門檻像素數
	Scroll Depth Units	當捲動深度觸發條件成立時，取得 dataLayer 的 gtm.scrollUnits 鍵。其值會是「像素」或「百分比」其中之一（代表啟動觸發條件之門檻值的單位）
	Scroll Direction	當捲動深度觸發條件成立時，取得 dataLayer 的 gtm.scrollDirection 鍵。其值會是「垂直」或「水平」其中之一（代表啟動觸發條件之門檻值的方向）
可見度	Percent Visible	當元素的可見度觸發條件成立時，取得 dataLayer 的 gtm.visibleRatio 鍵。其值會是 1～100 的數值，代表在觸發條件啟動時，所選取的元素有多少的比例處於可見狀態
	On-Screen Duration	當元素的可見度觸發條件成立時，取得 dataLayer 的 gtm.visibleTime 鍵。其值會是以毫秒為單位的數值，代表觸發條件啟動時所選取元素處於可見狀態有多久

參考：https://support.google.com/tagmanager/answer/7182738?hl=zh-Hant&ref_topic=7182737

使用者定義的變數

所謂使用者定義的變數，就是非由 GTM 事先準備好的變數，而是可由使用者自行任意設定的變數。此類型的變數有許多種類，分別可取得各種不同的值。本章先前曾說明將 GA 追蹤 ID 登錄為變數的做法，也屬於使用者定義的變數之一。點按「使用者定義的變數」區右上角的「新增」鈕，即可建立使用者定義的變數。

圖 4-4-3　工作區→「變數」→「使用者定義的變數」→「新增」

點按「新增」鈕後，再點按「變數設定」區。這時右側會出現「請選擇變數類型」，請在此選取所需類型。

圖 4-4-4　選擇變數類型

使用者定義的變數分為「導覽」、「網頁變數」、「網頁元素」、「公用程式」、「容器資料」共 5 類。網站用的使用者定義變數截至 2023 年 4 月為止，共有 21 種。詳情請見下表。

使用者定義變數的種類（網站用）

使用者定義變數的種類（網站用）	
分類	變數名稱
導覽	HTTP 參照網址
	網址
網頁變數	JavaScript 變數
	自訂 JavaScript
	資料層變數
	第一方 Cookie
網頁元素	DOM 元素
	自動事件變數
	元素可見度
公用程式	Google Analytics（分析）設定
	自訂事件
	使用者提供的資料
	對照表
	環境名稱
	規則運算式表格
	常值
	未定義值
	隨機數字
容器資料	容器 ID
	容器版本號碼
	偵錯模式

參考：https://support.google.com/tagmanager/answer/7683362

資料夾分類

前面我們已學過代碼、觸發條件、變數的設定方式。一旦開始設置各種代碼並進行各式各樣的測量設定，代碼、觸發條件與變數的項目數量就會越來越多。而項目數量增多的缺點就是，會難以掌握到底已設置了哪些代碼，又做了怎樣的測量設定。「資料夾」正是一種能讓繁雜的代碼管理更具效率的功能。誠如其名，「資料夾」功能可用資料夾來分類管理代碼、觸發條件及變數。透過活用「資料夾」，我們就能依據「廣告用」、「分析用」等目的別來整理各個項目，有效率地管理代碼。

若要使用資料夾，首先請點按左側選單中的「資料夾」。則已設定的代碼及觸發條件、變數等會被列為「未提出的項目」。點按右上角的「新增資料夾」鈕以建立資料夾。

圖 4-5-1　工作區→「資料夾」→「新增資料夾」

資料夾名稱可自由設定。在此我們要整理 GA 用的項目，故輸入「Google Analytics」做為資料夾的名稱，然後按下「建立」。

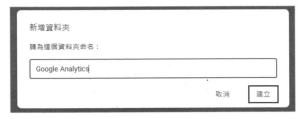

圖 4-5-2　新增資料夾（輸入名稱）

建立新資料夾後，在「資料夾」畫面下方就會顯示出剛剛建立的「Google Analytics」資料夾。由於資料夾中還沒有任何項目，故括弧內的數字為「0」。

資料夾	新增資料夾
未提出的項目 (3)	
名稱 ↑	類型
Google Analytics(UA)全PV計測	Tag
Google Analytics(UA)設定	Variable
【Ptengine】熱圖代碼	Tag
Google Analytics (0)	

圖 4-5-3　工作區→「資料夾」

接著勾選要放進「Google Analytics」資料夾中的項目，勾選完成後按「移動」鈕。

圖 4-5-4　在「資料夾」畫面中勾選要放入資料夾的項目

這時會顯示出所有資料夾，請選擇「Google Analytics」資料夾。

圖 4-5-5　選擇要放入的資料夾

這樣就會把所勾選的 2 個項目移動到「Google Analytics」資料夾，完成以資料夾分類整理的作業。

資料夾		新增資料夾
未提出的項目 (1)		
名稱 ↑	類型	
【Ptengine】熱圖代碼	Tag	
Google Analytics (2)		
名稱 ↑	類型	
Google Analytics(UA)全PV計測	Tag	
Google Analytics(UA)設定	Variable	

服務條款　・　隱私權政策

圖 4-5-6　項目被移至所指定之資料夾

隨著管理 GTM 的時間越來越長，項目數增加到幾十個以上的情況並不稀奇。諸如因更換負責人員導致後來接手的人搞不清楚前一位負責人員建立了哪些代碼、廣告公司等相關人員增加卻看到不相干的項目大量存在等都是很常聽到的困擾，故建議大家一開始就要利用資料夾來分類整理，以妥善管理代碼。

發布代碼前先確認是否正常運作

完成代碼設定後，即可將代碼發布至實際環境。但與其立刻發布，一般還是建議先確認所設定的代碼是否正常運作後，再予以發布。在 GTM 中，我們可利用預覽及偵錯模式，於正式發布容器之前，檢測代碼的運作狀況。

預覽及偵錯模式

要使用預覽及偵錯模式時，請點按工作區右上角的「預覽」鈕。

圖 4-6-1　工作區→點按「預覽」鈕

按下「預覽」鈕後，便會在新分頁中開啟「Google Tag Assistant」頁面。

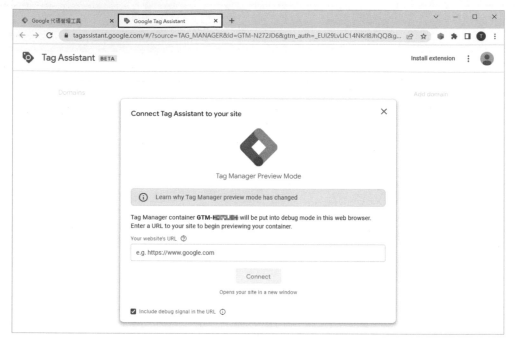

圖 4-6-2　Google Tag Assistant

在該頁面的「Your website's URL」欄位中輸入已設置 GTM 代碼的網站 URL 後，
按下「Connect」鈕。

圖 4-6-3　輸入已設置 GTM 代碼的網站 URL 後，點按「Connect」鈕

點按「Connect」鈕後，便會開啟預覽及偵錯模式。請確認畫面右下角的「Tag Assistant」彈出視窗顯示了「Tag Assistant Connected」的訊息。

圖 4-6-4　顯示了「Tag Assistant Connected」

若是已安裝了 Google Tag Assistant（Chrome 擴充功能）[1]，預覽及偵錯模式會開啟在相同視窗的不同分頁中。

● 已安裝 Google Tag Assistant 時

圖 4-6-5　預覽及偵錯模式會開啟在和 GTM 管理畫面相同的視窗中

※1　Google Tag Assistant：https://chrome.google.com/webstore/detail/tag-assistant-legacy-by-g/ke
jbdjndbnbjgmefkgdddjlbokphdefk

● 未安裝 Google Tag Assistant 時

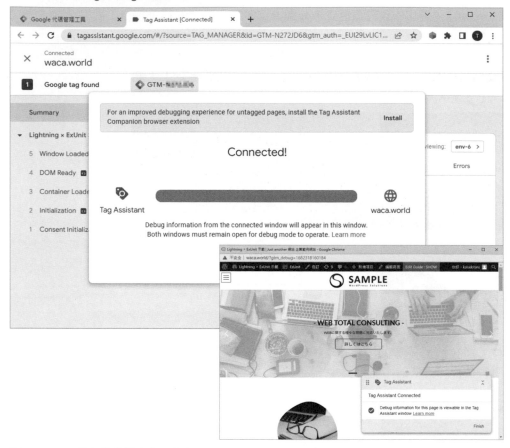

圖 4-6-6　預覽及偵錯模式會開啟在和 GTM 管理畫面不同的視窗中

若是還未安裝 Google Tag Assistant（Chrome 擴充功能），則預覽及偵錯模式會另外開啟在新視窗中。

此外，在第 82 頁的圖 4-6-3 中，於「Connetct Tag Assistant to your site」的最下方有個「Include debug signal in the URL」項目，唯有勾選此項目時，才會加上「?gtm_debug= ●●」這樣的參數。而附加參數的好處在於，可使用 GA4 的 DebugView。亦即可於以 GTM 的預覽模式瀏覽並操作網站的同時，確認是否在 GA4 中正確測量了事件。

圖 4-6-7　預覽模式的 URL 參數

安裝 Google Tag Assistant 的好處

由於安裝 Google Tag Assistant，就能於新分頁開啟預覽及偵錯模式以檢驗代碼的運作狀況，於是便可使用「開發人員工具」（檢驗功能）來一併檢查代碼及 Class 名稱。此外也能檢驗在手機上的運作狀況。

※ 在 Google Chrome 上，Windows 只要按「F12 鍵」，Mac 只要按「option ＋ command ＋ i」鍵，即可開啟「開發人員工具」。

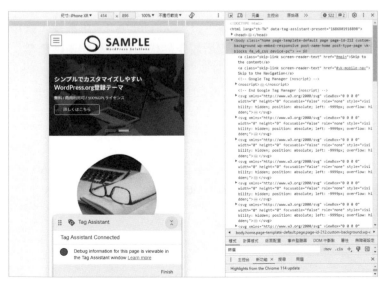

圖 4-6-8　Google Chome 的「開發人員工具」

還有，由於點擊包含「target="_blank"」屬性設定的連結時，也會開啟於新分頁，故能持續測量操作行為。※ 若是沒安裝 Google Tag Assistant，則由於會將頁面開啟在新視窗中，於是以預覽及偵錯模式進行的行為測量就會中斷。

另外預覽及偵錯模式的運作穩定性亦可望有所提升。因此基於上述各項好處，在使用預覽及偵錯模式時，一般都建議要安裝 Google Tag Assistant。

待預覽及偵錯模式顯示出來後，切換回「Google Tag Assistant」的畫面。這時其分頁名稱會從「Google Tag Assistant」變成「Tag Assistant [Connected]」。由此可知 GTM 的管理畫面與預覽及偵錯模式是彼此相連的。

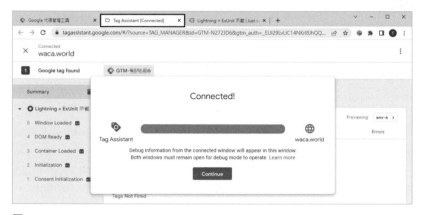

圖 4-6-9　Tag Assistant [Connected]

確認「Tag Assistant [Connected]」頁面中已顯示出「Connected!」訊息後，就按下「Continue」鈕。接下來，我們終於要開始檢查所設定的代碼是否都能正確觸發。

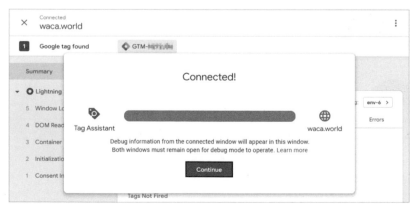

圖 4-6-10　點按「Continue」鈕以進行偵錯

Tags（代碼）

我們可在「Tag Assistant [Connected]」頁面的「Tags」分頁中查看代碼的觸發狀況。「Tags」分頁會將代碼分為「Tags Fired」與「Tags Not Fired」兩類來顯示。列在「Tags Fired」下的是有被觸發的代碼，而列在「Tags Not Fired」下的為未被觸發的代碼。

在此以 Chapter 2 中使用 LOCAL 建立的網站為例來說明。

開啟預覽及偵錯模式時，「測量點按選單（GA4）」代碼（詳見「6-6 測量選單的點擊數」）被列在「Tags Not Fired」之下，可見該代碼並未被觸發。

圖 4-6-11　預覽模式的「Tags」分頁

這個「測量點按選單（GA4）」代碼是設定為在網站上端的主要選單被點按時觸發，能透過事件計數來測量 GA 的選單點擊數。為了檢查這個「測量點按選單（GA4）」代碼是否確實會被觸發，請點按主要選單中的「ホーム（首頁）」。

圖 4-6-12　在預覽模式中點按上端的選單

「測量點按選單（GA4）」代碼從「Tags Not Fired」之下移到了「Tags Fired」之下，由此可確認「測量點按選單（GA4）」代碼已順利觸發。就像這樣，預覽及偵錯模式可讓我們在目標頁面上實際操作以達成觸發條件，藉此於正式發布前確認代碼是否會依所訂定之條件順利觸發。接著再繼續介紹除「Tags」之外的其他選單及分頁。

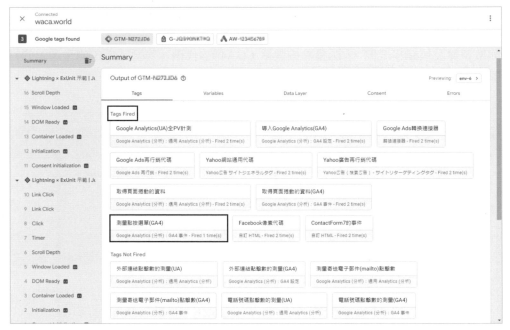

圖 4-6-13 「測量點按選單（GA4）」代碼從「Tags Not Fired」之下移到了「Tags Fired」之下

事件清單

透過 GTM 取得的事件清單會顯示在左側的導覽部分。例如，使用者點按了連結時的「Link Click」、瀏覽器載入了 HTML 原始碼時的「DOM Ready」，以及網頁顯示出來時的「Window Loaded」等，都會做為事件清單項目列在導覽部分。而此事件清單可讓你以頁面為單位來確認事件。

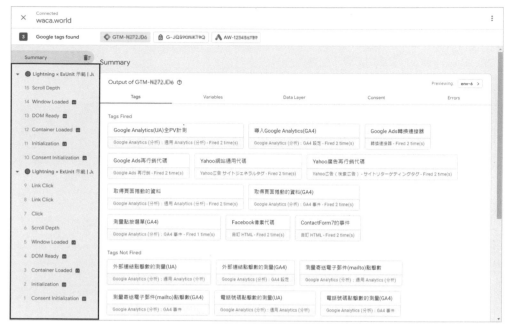

圖 4-6-14　預覽模式的「事件清單」

點選事件清單中的「Link Click」後，再點選右側畫面中「Tags Fired」之下的「測量點按選單（GA4）」代碼，便可查看事件的詳細內容。

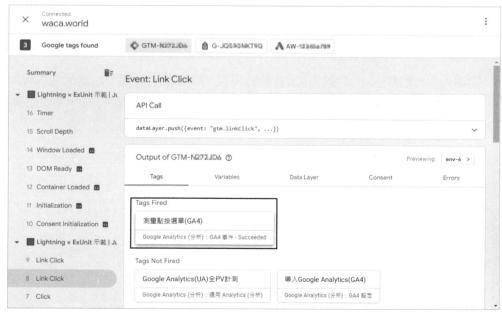

圖 4-6-15　「事件清單」→「Link Click」

可查看事件名稱、事件參數等事件內容。

圖 4-6-16 「測量點按選單（GA4）」的事件詳細內容

Variables（變數）

「Variables（變數）」分頁會顯示出變數的類型、傳回的資料類型、結果值等與所選事件的變數有關的詳細資訊。想查看事件發生當下的變數狀態時，就先點選左側導覽部分中的事件，再切換至「Variables（變數）」分頁。

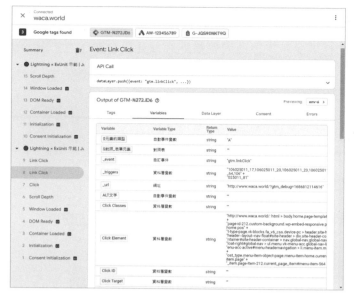

圖 4-6-17　預覽模式的「Variables」分頁

Data Layer（資料層）

「Data Layer（資料層）」分頁會顯示出推送至資料層以回應所選事件的訊息，以及該訊息之交易完成後的資料層狀態。想查看事件發生當下的資料層狀態時，就先點選左側導覽部分中的事件，再切換至「Data Layer（資料層）」分頁。

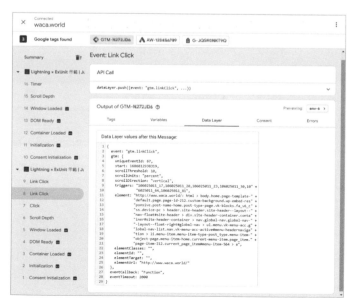

圖 4-6-18　預覽模式的「Data Layer」分頁

Errors（錯誤）

當代碼啟動失敗時，失敗的代碼及其失敗原因等錯誤詳細資訊會顯示在「Errors
（錯誤）」分頁中。

結束預覽及偵錯模式

想要停止偵錯並結束預覽模式時，有以下兩種操作方式。

1. 點按顯示在預覽及偵錯模式右下角的「Tag Assistant」視窗中的「Finish」。

圖 4-6-19　點按「Tag Assistant」視窗中的「Finish」

2. 點按 Tag Assistant 左上角的「×」。

這時會彈出「Stop Debugging」視窗，請按下「Stop debugging」鈕即可。

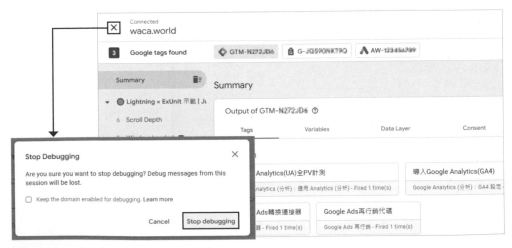

圖 4-6-20　按下「Stop debugging」鈕

4-7

將代碼發布至實際環境

於預覽及偵錯模式確認代碼都能順利觸發後，就可發布至實際環境了。光是設定代碼，其作用並不會反映在網站上。必須藉由公開發布的動作，才能讓代碼設定反映至實際環境。要發布時，首先點按右上角的「提交」鈕。

圖 4-7-1　於「工作區」點按「提交」鈕

按下「提交」鈕，就會開啟「發布及建立版本」畫面。所謂的「版本」，是指在特定時間點的容器的快照。藉由將設定存成版本的方式，便可在需要時恢復至原本的設定狀態。例如當已發布的代碼設定出了問題時，就能馬上回復至過去的設定。

你可為版本輸入任意名稱，並輸入合適的說明文字來做為備忘、註記。而版本名稱最好要能讓人輕易看出所設定的內容為何。在此我們輸入「新增測量按鈕的點擊數代碼」這樣的版本名稱後，點按右上角的「發布」鈕，即完成發布。

圖 4-7-2　提交設定（編輯版本名稱）

點按以切換至「版本」分頁，便可看到至此為止已發布過的各個版本的資訊。

圖 4-7-3　點按以切換至「版本」分頁

要回復至過去的版本時，請點按該版本右側的三個點選單，選擇其中的「設為最新版本」。

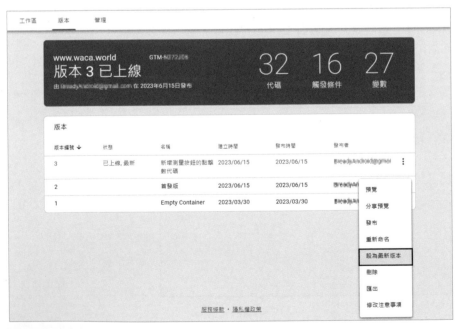

圖 4-7-4　在「版本」分頁將特定版本「設為最新版本」

選擇「設為最新版本」後，會出現如下圖的訊息，再次按下「設為最新版本」，則所選擇的過去版本就會成為最新版本並反映出來。

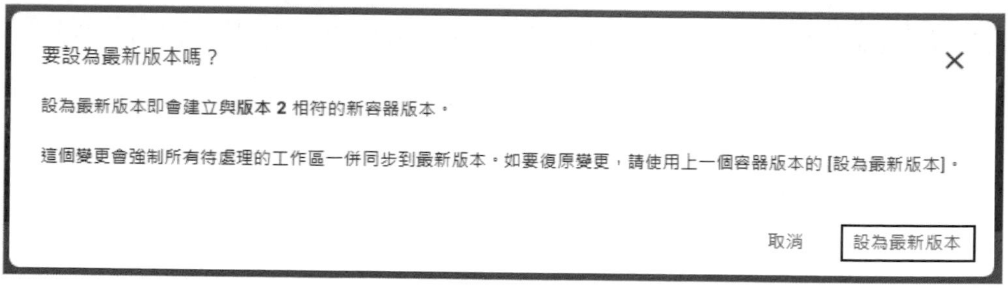

要設為最新版本嗎？   ✕

設為最新版本即會建立與版本 2 相符的新容器版本。

這個變更會強制所有待處理的工作區一併同步到最新版本。如要復原變更，請使用上一個容器版本的 [設為最新版本]。

取消   設為最新版本

圖 4-7-5 設定最新版本時所顯示的訊息

規則運算式

什麼是「規則運算式」？

在進行篩選時，我們可使用規則運算式來指定如「以～字元起頭」、「包含特定字串」、「只抽出數值資料」等詳細的篩選條件。

許多如 GTM 等的分析工具，都提供可用來篩選資料的各種功能（包含、完全比對、以～起頭、以～結尾……等）。但透過規則運算式的運用，我們還能進一步指定篩選功能所無法篩選的細節條件，更靈活地擷取資料。

使用 Google Tag Manager 時值得記住的規則運算式

萬用字元			
	規則運算式 （元字符）	說明	例子
①	.	與任何單一字元 （文字、數字、符號） 一致	符合「1.」的資料： 由於是「1」之後加上「.」，故會篩選出「1+ 一個任意字元」的字串 例）10、1A 符合「1.1」的資料： 由於是「1」之後加上「.」，再接著「1」，故會篩選出「1+ 一個任意字元 +1」的字串 例）111、1A1
②	?	前一個字元出現 0 次或 1 次	符合「10?」的資料： 例）1、10
③	+	前一個字元出現 1 次以上	符合「10+」的資料： 由於前一個字元為「0」，故會篩選出包含 1 個以上的「0」的字串 例）10、100
④	*	前一個字元出現 0 次以上	符合「1*」的資料： 例）1、10
⑤	|	建立 OR（或）條件	符合「1|10」的資料： 會篩選出「1」或「10」的字串 例）1、10

錨點符號			
	規則運算式 （元字符）	說明	例子
⑥	^	其相鄰字元位於字串的開頭	符合「^10」的資料： 由於相鄰字元為「10」，故會篩選出以「10」起頭的字串 例）**10**、**10**0、**10**x 不符合「^10」的資料： 以下例子非以「10」起頭，故不會被篩選出來 例）110、110x
⑦	$	其相鄰字元位於字串的末尾	符合「10$」的資料： 由於相鄰字元為「10」，故會篩選出以「10」結尾的字串 例）1**10**、10**10** 不符合「10$」的資料： 例）100、10x

群組			
	規則運算式 （元字符）	說明	例子
⑧	()	所包住的字元以同樣順序存在於字串中 也用於其他規則運算式的群組化	符合「(10)」的資料： 由於包住的是「10」，故會篩選出包含「10」的字串 例）**10**、**10**1、**10**11 符合「([0-9]|[a-z])」的資料： 所有的數字與小寫英文字母
⑨	[]	所包住的字元以任意順序存在於字串中	符合「[10]」的資料： 由於包住的是「10」，故會篩選出包含「1」和「0」的字串 例）0**1**2、**1**2**0**、2**10**
⑩	-	方括弧內的字元範圍存在於字串中	符合「[0-9]」的資料： 例）0～9 的所有數字

跳脫字元			
	規則運算式 （元字符）	說明	例子
⑪	\	將相鄰字元視為一般字元，而非規則運算式的元字符	指定「\.」時，相鄰的點不代表萬用字元，而會被視為是英文的句號或小數點 由於在規則運算式中，「.」會被當成「一個任意字元」來進行篩選，故若要將「.」做為一般的「點」使用的話，就必須輸入為「\.」 符合「216\.239\.32\.34」的資料： 例）**216.239.32.34**

Google 代碼管理工具的設定範例

以規則運算式指定代碼觸發條件的例子

以建立只在特定網頁被瀏覽時觸發代碼的觸發條件為例，在此假設網站有如下的 4 大類別存在，而我們要指定條件好讓除了「①最新消息」以外的網頁觸發代碼。

① 最新消息

http://www.waca.world/category/news/

② 更新資訊

http://www.waca.world/category/update/

③ 活動訊息

http://www.waca.world/category/event/

④ 促銷資訊

http://www.waca.world/category/sales/

只在②③④被瀏覽時觸發代碼

圖 4-8-1　不使用規則運算式指定多重條件的例子

篩選的方法有很多，在此筆者採取以下做法。

1. 指定「Page Path」→「包含」→「/category/」，以「/category/」以下的所有路徑（①②③④）為目標對象。

2. 指定「Page Path」→「不包含」→「/news/」，以「/category/」以下除了「/news/」之外的②③④為目標對象。

雖然我們可以像這樣利用 GTM 預設的篩選功能來排除特定路徑，但若是還有更多分類存在，且需進一步指定其中的特定分類的話，條件式就會越加越多。這時如果利用規則運算式，就能在不增加條件式的情況下，以一行敘述完成篩選條件的指定。

圖 4-8-2　使用規則運算式指定多重條件的例子

利用「使用 Google Tag Manager 時值得記住的規則運算式」列表說明中的⑤「|」，便能以 OR 條件指定要篩選出的類別，亦即需符合「/category/」以下的「update（更新資訊）」或「event（活動訊息）」又或是「sales（促銷資訊）」。然後再加上代表需符合「所包住的字元以同樣順序存在於字串中」的⑧「( )」，即可將這些條件群組起來。

像這樣運用規則運算式，就能以 1 行表達原本為 2 行的篩選條件。即使篩選條件增加到 5、6、7 行……，只要妥善運用規則運算式，還是能以 1 行達成同樣的篩選效果，不僅可讓描述清爽精簡，也能降低新增或刪除篩選條件時的維護工作量。

資料層變數

什麼是「資料層變數」？

首先我們必須瞭解，GTM 中有一種叫「資料層」的結構存在。當網站與 GTM 通訊時，會傳送網頁瀏覽與點擊等的各種資料。你可以將這種資料層，想像成儲存通訊過程中所產生之資料的「資料儲存盒」。

> **POINT**
>
> 資料層 ≒ 資料儲存盒

每當網站上的 GTM 程式碼片段被讀取時，網站取得的資料就會傳送至資料層中，然後代碼和觸發條件就會依據該傳送資料來運作。換言之，雖說 GTM 有各式各樣的「代碼」及「觸發條件」可利用，但它們都是使用儲存在資料層中的資料來運作。GTM 預設就提供如「Page URL」和「Click URL」等常用資料，可供我們直接使用。

圖 4-9-1 資料層的運作原理

既然 GTM 是利用資料層中的資料來讓代碼運作,我們當然就無法以 GTM 來處理不存在於資料層中的資料。那麼,所謂不存在於資料層中的資料,是指怎樣的資料呢?

例如下列的兩種資料,就是不存在於資料層中的資料,具體來說就是「不直接做為文字內容存在於網站上的動態資料(從資料庫擷取後顯示出來的內容)」。

● 已登入之使用者的「使用者 ID」
● 會員制網站的「會員 ID」、「會員等級」

這類資料無法以 GTM 的預設功能來收集,因此不能設定成代碼內的「變數」或「觸發條件」。

這種時候,我們可透過在資料層中新增原始資料的方式,以便在 GTM 上將之做為「變數」或「觸發條件」來運作。而這種新增原始資料的機制,就叫做「資料層變數」。

圖 4-9-2　資料層變數的運作原理

POINT

所謂的資料層變數,就是可將預設無法取得的獨特資料傳送給 GTM,以便在 GTM 內做為代碼或觸發條件來運用的機制。

資料層變數的建立方法

就如前述，資料層變數是獨特的資料，由於並非預設即存在，故必須從建立變數開始處理。

以下列出建立資料層變數的大致流程，稍後便會逐一解說各個程序。

I. 設置 JavaScript

II. 設定資料層變數

III. 設定自訂事件

IV. 建立自訂維度

I. 設置 JavaScript

為了測量在預設狀態下無法取得的獨特資料，我們必須將該獨特資料傳送至 GTM。因此首先要「在網站上編寫 JavaScript」，以作為「將獨特資料傳送到 GTM 的機制」。

請將以下程式碼加入至 <head> 內的「GTM 容器程式碼片段之上的位置」。

加入至 GTM 容器程式碼片段之上的位置

```
<script>
    window.dataLayer = window.dataLayer || [];
</script>
<!-- Google Tag Manager -->
. . . . . .
<!-- End Google Tag Manager -->
```

接著編寫要傳入至 GTM 的獨特資料。而將網站內的獨特資料送入 GTM 資料層的寫法有以下兩種。

① 使用「＝」的寫法

② 使用「datalLayer.push」的寫法

首先來看看①的使用「＝」的寫法。假設我們要以資料層變數的形式，用 GTM 取得「登入 ID」與「會員等級」資料。而我們為這兩者取了變數名稱，分別為「登入 ID ＝ loginID」、「會員等級＝ memberRank」，以便在 GTM 中使用。

資料層

```
Page Path
Page URL
Click Path
Click URL
loginID
memberRank
```

圖 4-9-3　新增資料層變數

寫在網站上的程式碼

```
<script>
    dataLayer = [{
        'loginID': 'abc123',
        'memberRank': '黃金會員'
}];
</script>
```

寫在「:」之後的資料會被當作變數傳入至 GTM 的資料層。換言之，這個送入的資料若為「動態變化的資料」，就會「將該動態變動值設定為變數」。※ 如 PHP 等。

接著來看看②的使用「datalLayer.push」的寫法。假設和①一樣，我們也是要用 GTM 取得「登入 ID」和「會員等級」資料。

寫在網站上的程式碼

```
<script>
dataLayer.push({
    'loginID': 'abc123',
    'memberRank': '黃金會員'
});
</script>
```

①與②的差異

採用①的寫法時，由於為「＝」，因此會覆寫資料層內的資料。就如前述，資料層預設存在於 GTM 中，①的寫法會採取覆寫既有資料的方式，所以為「GTM →資料層→覆寫（資料）」的形式。換言之，這種寫法的程式碼必須寫在 GTM 容器程

式碼片段之前，否則就會發生「資料層不存在...」的錯誤。且由於會覆寫既有資料，故已有同樣的變數名稱存在時，「務必小心資料會被覆寫」。

採用②的寫法時，正如 JavaScript 程式碼中的「Push」一詞所暗示的，會採取將資料新增至資料層內的方式，所以為「GTM →資料層←新增（資料）」的形式。換言之，由於資料不會被覆寫，故此程式碼就算寫在容器程式碼片段之後，仍可新增資料，不會發生錯誤。

另外也為了避免資料被不正確的資料給覆寫的意外，因此一般都建議採用②的以「Push」新增資料的形式。

事件的建立方法

前面我們介紹了如何建立資料層變數以取得登入 ID 及會員等級資料，但該怎麼設定這些獨特資料的「取得時機」呢？要在所有的網頁上持續傳送「登入 ID」和「會員等級」，亦即要設定成「觸發條件：All Pages」也不是不可能，但這樣會產生很多不必要的觸發動作，徒增負荷，很不實際。以本例的狀況來說，「在使用者成功登入的時候取得登入 ID 和會員等級資料」是最有效率的。

資料層變數不只是單純的獨特資料，它還可建立「自訂事件」，以做為將其資料送進 GTM 的「時機≒觸發條件」。將自訂事件做為觸發條件，就能以「事件：登入成功時取得登入 ID 與會員等級」的設定取得動態資料。

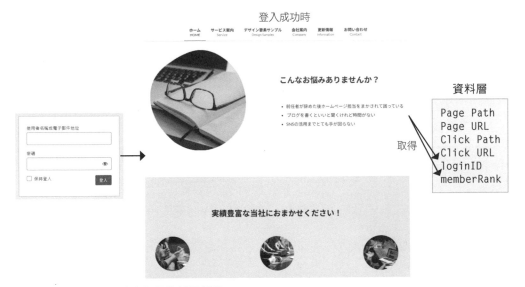

圖 4-9-4　於登入成功時取得資料層變數

為了在資料層中納入自訂事件，我們要將以下的 JavaScript 寫在「網站上」。

寫在網站上的程式碼

```
<script>
dataLayer.push({
    'loginID': 'abc123',
    'memberRank': '黃金會員',
    'event': 'login'
});
</script>
```

寫進「event」，就能讓「:」之後的名稱「做為事件名稱在 GTM 上運作」。

> **POINT**
>
> 建立變數時寫成「變數名稱 : 值」，建立事件時寫成「event: 事件名稱」。

資料層變數在 GTM 中的使用方法

至此，我們已成功將獨特資料（變數和事件）從網站傳送至 GTM。然而對 GTM 來說，這些都只是傳進來的資料，由於不知其處理方式，故無法在 GTM 裡做為代碼及觸發條件來操作。

為了能在 GTM 裡做為代碼及觸發條件來操作，就必須在 GTM 中設定（定義）這些資料，好讓這些從網站傳送至 GTM 的資料能夠被當成「變數」、「事件」來處理。接著就讓我們來看看要如何設定，才能在 GTM 中將這些資料當成代碼及觸發條件來運用。

II. 設定資料層變數

為了能在 GTM 的代碼中被視為「變數」來運用，我們要先設定資料層變數。

像這樣為了在 GTM 的代碼內使用而進行的設定，就叫做設定「資料層變數」。

圖 4-9-5　設定為資料層變數

1. 點按「變數」項目，再按下「使用者定義的變數」區中的「新增」鈕。

圖 4-9-6　點按「使用者定義的變數」區中的「新增」鈕

2. 將名稱輸入為「登入 ID」，然後點按「變數設定」區，選擇「資料層變數」類型。

圖 4-9-7　選擇「網頁變數」分類中的「資料層變數」

3. 在「資料層變數名稱」欄位中，輸入剛剛在網站上設置 JavaScript 時指定的變數名稱「loginID」。同樣道理，要將「會員等級」當成變數運用時，就要將此處的變數名稱輸入為「memberRank」。而「資料層版本」留用預設的「版本 2」即可。在此狀態下點按「儲存」鈕。

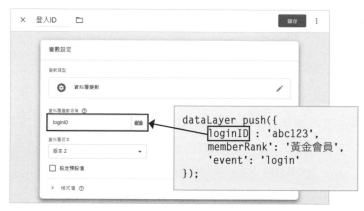

圖 4-9-8　輸入在網站上指定的變數名稱

如此一來，從網站傳來的獨特資料「登入 ID」，就能在 GTM 的代碼中被當成變數來使用了。

III. 設定自訂事件

接著要設定做為觸發條件來運作的「事件」。

1. 點按「觸發條件」項目，再按下「觸發條件」區中的「新增」鈕。

圖 4-9-9　點按「觸發條件」區中的「新增」鈕

2. 在此將名稱輸入為「登入時」，而觸發條件類型請選為「其他」分類中的「自訂事件」類型。

圖 4-9-10 選擇「公用程式」分類中的「自訂事件」

3. 在「事件名稱」欄位中，輸入剛剛在網站上設置 JavaScript 時指定的事件名稱「login」。至於觸發條件的啟動時機則有「所有的自訂事件」和「部分的自訂事件」可選。若要在所有網頁上都觸發事件的話，就選「所有的自訂事件」，若只想在特定網頁上觸發，就選「部分的自訂事件」，並指定條件。

圖 4-9-11 輸入在網站上指定的事件名稱

最後點按「儲存」鈕，即完成觸發條件的設定。這樣我們就能夠使用不存在於 GTM 預設之資料層中的「獨特的變數與事件」資料層資料了。

下圖的代碼範例便證明了，我們「已能夠使用所設定之變數」，也「能夠將設定的事件做為觸發條件來運用」。

圖 4-9-12　運用了資料層變數的代碼設定範例

IV. 建立自訂維度

我們將在之後的「6-5 測量部落格的作者名稱與類別名稱」中介紹自訂維度的設定方法。

就像這樣，透過擷取並納入不存在於 GTM 的變數及事件，以便處理獨特的資料，我們就能收集以往無法取得的資料，大幅擴展數據資料的測量範圍。需要測量獨特的資料時，請務必記得要好好利用資料層喔。

Chapter 5

可依用途查找的超實用範例
基本篇

在 Chapter 5 中，我們將解說各種可應用於實務的
Google 代碼管理工具活用法。由於能實現只靠 Google
Analytics 所無法測量的轉換設定，故可有效擴大訪問
分析範圍，對事業成果做出貢獻。

導入 Google Analytics

在此要介紹以 Google 代碼管理工具（以下簡稱 GTM）來進行 Google Analytics 測量的實作方法。透過以 GTM 實作 Google Analytics 測量的方式，欲檢測事件時就不需直接處理 HTML 原始碼，且由於有各種變數可用，事件的設置本身也會變得容易很多，所以這會是我們第一個要實作的功能。

以下便介紹 Google Analytics 4（GA4）的實作方法。

導入 Google Analytics ～ GA4 篇～

首先介紹的是 GA4 的測量設定。

1. 登入 GA4，點按「資源」→「資料串流」。

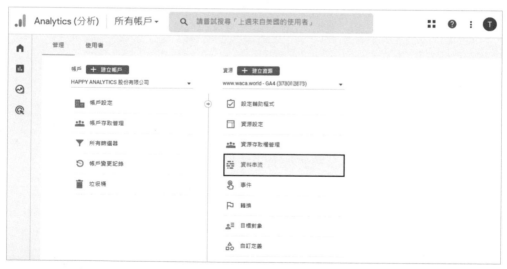

圖 5-1-1　點按「資源」→「資料串流」

2. 點選所測量之目標對象串流（本例為網站）。

圖 5-1-2　點選所測量之目標對象串流

3. 將「評估 ID」複製並儲存起來。

圖 5-1-3　將「評估 ID」記下來

4. 在 GTM 中建立代碼。輸入清楚易懂的代碼名稱（本例輸入的是「導入 Google Analytics（GA4）」），再點按「代碼設定」區。

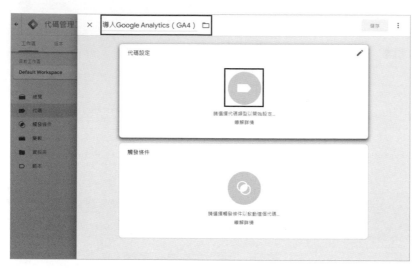

圖 5-1-4　點按「代碼設定」區

5. 點選「Google Analytics（分析）：GA4 設定」代碼類型。

圖 5-1-5　點選「Google Analytics（分析）：GA4 設定」

6. 於「評估 ID」欄位輸入剛剛在 GA4 管理畫面中複製並儲存起來的評估 ID，並且勾選其下的「載入這項設定時傳送一次網頁瀏覽事件」項目。

圖 5-1-6　輸入在 GA4 管理畫面中記下來的評估 ID

7. 接著設定觸發條件。點按下方的「觸發條件」區後，點選「All Pages」。這樣就會在所有頁面上進行 Google Analytics 的測量。

圖 5-1-7　點選「All Pages」

8. 最後按下「儲存」鈕，即完成 Google Analytics（GA4）的測量設定。

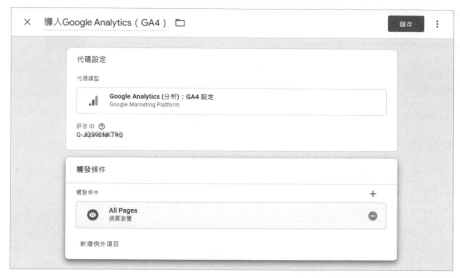

圖 5-1-8　導入 Google Analytics 的設定範例

9. 請在預覽模式或 Google Analytics 的即時報表中，確認代碼是否正常運作。

圖 5-1-9　預覽模式的確認畫面

測量外部連結的點擊數

Google Analytics 只能夠測量內嵌了量測代碼的網站，網站若是未嵌入所管理之 Google Analytics 提供的量測代碼，就無法被測量。Google Analytics 是以一般網站的網域為單位來管理。換言之，當使用者從你管理的網站移動到別的網域的網站（外部網站）時，測量就會中斷，之後就再也測量不到（不過可藉由設定「跨網域評估」功能達成跨網域繼續測量的目的）。

應實作測量外部連結點擊的情況

1. 以子網域營運多個網站，需測量連往父網域或不同子網域之連結點擊數（例如：「shop1.sample.com → sample.com」）

2. 需測量連往完全不同網域之外部連結點擊數（例如：「sample.com → example.com」）

3. 想測量 Google AdSense、聯盟廣告等的廣告點擊數（例如：「sample.com → 移動至廣告頁面）

GTM 具備「點擊觸發條件」，因此即使是一般都會中斷測量的外部連結點擊數，也能夠靠著設定條件來輕易測量。不過新版的 GA4 已能在不使用 GTM 的情況下，測量與外部連結點擊有關的資料。

測量外部連結的點擊數～ GA4 篇～

藉由啟用 GA4 所引進之「加強型事件評估功能」的「外連點擊」，就能在不使用 GTM 的情況下，測量與外部連結點擊有關的資料。

GA4 外連點擊	
事件名稱	說明
click	從目前瀏覽的網域點按會移動至其他網域的連結時，便會進行記錄 ※ 對於已設定「跨網域追蹤」（詳情請參閱「6-7 設定跨網域追蹤」）的連結，系統不會測量其外連點擊

外連點擊中具代表性的參數	
參數	說明
link_ classes	所點按連結的 Class 名稱 例：link_inner
link_ domain	所點按連結的網域 例：sample.com
link_id	所點按連結的 ID 名稱 例：link_container
link_url	所點按連結的 URL 例：https://www.sample.com/

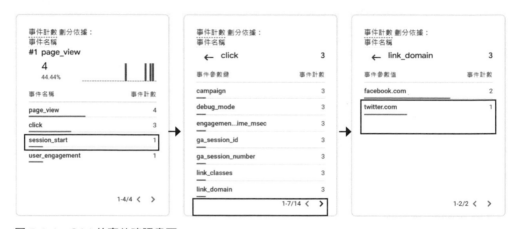

圖 5-2-1　GA4 的事件確認畫面

由於 Google 已淘汰舊版的 Google Analytics（UA）設定，故在測量外部連結方面，建議直接使用 GA4 的功能。

測量寄送電子郵件 (mailto) 的點擊數

網站上有時會設置如「聯絡我們」之類的連結，點按後便會啟動電子郵件軟體（點按者電腦中的預設電子郵件軟體，像是 Outlook、Windows 的郵件應用程式等）。這是一種將連結設成「<a href="mailto:info@example.com"> 聯絡我們 </a>」的形式，就能在使用者點按該連結時，自動啟動電子郵件軟體以便傳送郵件的機制。

雖說現在很多網站都採用填寫「聯絡表單」的方式聯繫，不過也還是有不少網站並未使用表單，而是讓使用者直接透過電子郵件軟體來聯絡。

Outlook 和 Windows 的郵件應用程式等電子郵件軟體都無法嵌入 Google Analytics 的測量代碼，故當使用者按下「mailto:」連結時，測量就會中斷而無法計測連結的點擊數。

應實作測量寄送電子郵件（mailto）點擊數的情況

1. 點按連結時會啟動電子郵件軟體的網站
2. 將電子郵件連結點擊數視為轉換（CV）來測量的網站

GTM 具備「點擊觸發條件」，因此即使是一般都會中斷測量的電子郵件連結點擊，也能夠輕易測量。當你「想要掌握電子郵件連結被點按的次數」時，請依以下步驟來測量電子郵件連結的點擊數。

測量寄送電子郵件點擊數～ GA4 篇～

電子郵件連結的標籤寫成「<a href="mailto:info@example.com"> 聯絡我們 </a>」這樣的格式，因此要測量電子郵件連結的點擊數時，就將觸發條件設定成會在含有「mailto」的連結被點按時啟動即可。

而利用 GTM 的變數「Click URL」，便能取得被點按的 URL，藉此就可指定「含有 mailto 的連結」這樣的條件。

1. 點選左側選單中的「觸發條件」後，按下「新增」鈕。

輸入清楚易懂的觸發條件名稱（本例輸入的是「測量寄送電子郵件（mailto）點擊數」），再點按「觸發條件設定」區。

圖 5-3-1　點按「觸發條件設定」區

2. 由於「mailto」是 a 標籤內的連結，故要以點擊連結為觸發條件，因此選擇「點擊」分類中的「僅連結」。

圖 5-3-2　選擇「點擊」分類中的「僅連結」

3. 在觸發條件設定畫面中，參考下表進行設定。

本例的觸發條件設定	
項目	設定值
等待代碼	不勾選
檢查驗證	不勾選
這項觸發條件的啟動時機	選擇「部分的連結點擊」
有事件發生且這些條件全都符合時，啟用這項觸發條件	
左側	Click URL
中央	包含
右側	mailto

藉由這樣的設定，便可指定「被點按的 URL 中包含 mailto 時」的條件。

4. 按下「儲存」鈕，即完成觸發條件的設定。

圖 5-3-3　測量寄送電子郵件（mailto）點擊數的觸發條件設定範例

接著來設定代碼。

1. 於「工作區」點選「代碼」→「新增」。在上端將名稱輸入為「測量寄送電子郵件（mailto）點擊數（GA4）」後，點按「代碼設定」區。從代碼類型選單中選擇「Google Analytics（分析）：GA4 事件」。

圖 5-3-4　點選「Google Analytics（分析）：GA4 事件」

2. 在代碼設定畫面中，依下表輸入各設定值。

設定代碼 / 事件名稱	
項目	說明
設定代碼	「導入 Google Analytics（GA4）」 （若先前未建立「導入 Google Analytics（GA4）」，那麼請選擇「無 - 手動設定 ID」，然後輸入評估 ID）
事件名稱	「mailto_click」 （可輸入任意名稱，此名稱會顯示為 GA4 的事件項目）

事件參數		
參數名稱	值	說明
link_mail	{{Click URL}}	利用變數來設定值，便可得知「是哪個電子郵件連結被點按了（例：mailto:support@example.com）」 所指定的參數名稱會顯示為 GA4 的事件報表項目

代碼設定
代碼類型
Google Analytics (分析)：GA4 事件
Google Marketing Platform
設定代碼
導入Google Analytics(GA4)
事件名稱
mailto_click
事件參數
參數名稱
值
link_mail
{{Click URL}}
新增列
使用者屬性
更多設定
進階設定

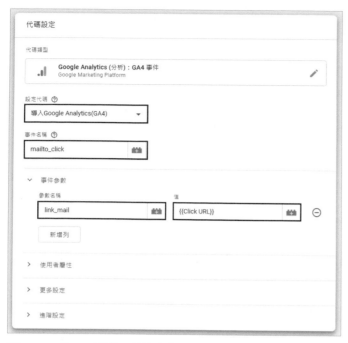

圖 5-3-5 「GA4 事件」的設定畫面

3. 最後將「觸發條件」指定為先前建立好的「測量寄送電子郵件（mailto）點擊數」，按下「儲存」鈕，即完成設定。

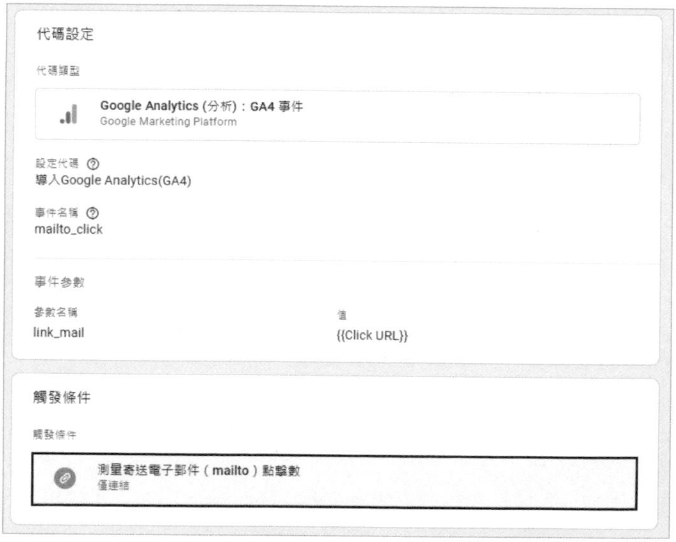

代碼設定
代碼類型
Google Analytics (分析)：GA4 事件
Google Marketing Platform
設定代碼
導入Google Analytics(GA4)
事件名稱
mailto_click
事件參數
參數名稱
link_mail
值
{{Click URL}}
觸發條件
觸發條件
測量寄送電子郵件（mailto）點擊數
僅連結

圖 5-3-6 指定「測量寄送電子郵件（mailto）點擊數」觸發條件後儲存

請在預覽模式或 Google Analytics 的即時報表中，確認代碼是否正常運作。

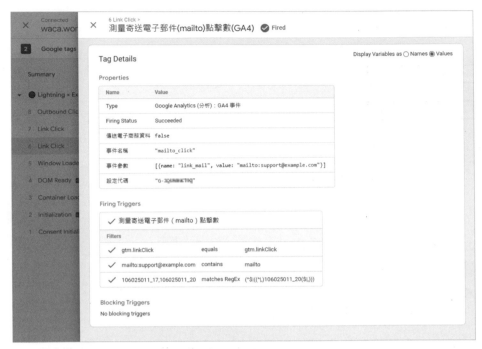

圖 5-3-7　預覽模式的確認畫面

測量電話號碼的點擊數

BtoB 網站或支援網站等，為了要吸引使用者打電話來申請、洽詢，往往會直接在網站上列出電話號碼。一旦在電話號碼上設置了「Tel 連結」，以手機瀏覽的使用者只要點一下該電話號碼部分，就能直接撥打電話。這功能相當方便，但一般的 Google Analytics 無法測量這種電話號碼的點擊數。

由於將電話申請、電話洽詢數設為重要 KPI 的企業似乎也不少，故在此便要為各位介紹如何能透過 GTM 取得電話連結的點擊數。

應實作測量電話號碼點擊數的情況

1. 營運 BtoB 網站、支援網站等以電話申請及電話洽詢為主的網站

2. 將電話申請數、電話洽詢數設定為 KPI 並在 Google Analytics 上分析

GTM 具備「點擊觸發條件」，故可輕鬆測量電話號碼的點擊數。當你「想要以數字清楚掌握到底被撥打了幾次電話」時，請依以下步驟來測量電話號碼的點擊數。

測量電話號碼的點擊數～ GA4 篇～

首先從「於電話號碼被點按時，啟動代碼」這樣的觸發條件開始設定。

1. 點選左側選單中的「觸發條件」，再按右側的「新增」鈕。輸入清楚易懂的觸發條件名稱（本例輸入的是「電話號碼點擊」），然後點按「觸發條件設定」區。我們要測量的是「Tel 連結」的點擊，故選擇「點擊」分類中的「僅連結」。

圖 5-4-1　選擇「點擊」分類中的「僅連結」

2. 進行「點擊 - 僅連結」的設定。

為了以「點按電話號碼（＝ Tel 連結點擊）」為條件，請參考下圖進行設定。

圖 5-4-2　設定觸發條件

3. 點按「儲存」鈕，即完成觸發條件的設定。

接著要設定代碼。

1. 於「工作區」點選「代碼」→「新增」。在上端將名稱輸入為「電話號碼點擊數的測量（GA4）」後，點按「代碼設定」區。從代碼類型選單中選擇「Google Analytics（分析）：GA4 事件」。

圖 5-4-3　點選「Google Analytics（分析）：GA4 事件」

2. 在代碼設定畫面中，如下輸入各設定值。

設定代碼 / 事件名稱	
項目	說明
設定代碼	「導入 Google Analytics（GA4）」 （若先前未建立「導入 Google Analytics（GA4）」，那麼請選擇「無 - 手動設定 ID」，然後輸入評估 ID）
事件名稱	「tel_click」 （可輸入任意名稱，此名稱會顯示為 GA4 的事件項目）

事件參數		
參數名稱	值	說明
tap_tel	{{Click URL}}	利用變數來設定值，便可得知「是哪個電話號碼連結被點按了」（例：tel:+886-2-12345678） 所指定的參數名稱會顯示為 GA4 的事件報表項目

圖 5-4-4 「GA4 事件」的設定畫面

3. 最後將「觸發條件」指定為先前建立好的「電話號碼點擊」，按下「儲存」鈕，即完成設定。

圖 5-4-5 電話號碼點擊數的測量代碼設定範例

這樣 GA4 的事件報表中就會顯示出電話號碼點擊事件了。請在預覽模式或 Google Analytics 的即時報表中，確認代碼是否正常運作。

圖 5-4-6　預覽模式的確認畫面

測量按鈕的點擊數

測量按鈕的點擊數～ GA4 篇～

在此我們要利用寫在按鈕上的 Class 屬性，來測量按鈕的點擊數。對於伴隨有頁面轉換動作的按鈕點擊，只要檢查之前的頁面轉換，就能掌握按鈕的點擊數。但對於未伴隨有頁面轉換動作的按鈕點擊，例如點按後會顯示出互動視窗，或者移動到特定位置的頁面內連結等，通常是無法測量按鈕的點擊次數的。此外，未以 a 標籤設置連結功能的按鈕，也無法測量點擊數。

不需查看之前的頁面轉換，就能直接在 Google Analytics 上立刻掌握數值，這可算是設定按鈕點擊數測量代碼的好處之一。

應實作測量按鈕點擊數的情況

1. 想測量未伴隨有頁面轉換動作的按鈕點擊數時（例：開啟互動視窗的按鈕、頁面內連結按鈕等）
2. 想在 Google Analytics 上顯示按鈕點擊數以便迅速掌握該數值的時候
3. 未以 a 標籤替按鈕設置連結功能時

※ 指定給所測量之目標對象按鈕的 Class 必須是共通、一致的。若還未指定共通的 Class，請先於 HTML 中設定。

1. 首先要確認指定給按鈕的共通 Class 為何。若是使用 Google Chrome 瀏覽網站，可按 F12 鍵開啟開發人員工具。

圖 5-5-1　開發人員工具的畫面

2. 點按右側窗格左上角的箭頭圖示鈕後，即可將滑鼠指標移至網頁中的各個元素上以查看其 HTML 標籤。經查看後得知，下圖按鈕的 Class 被指定了「vk_button_link」。

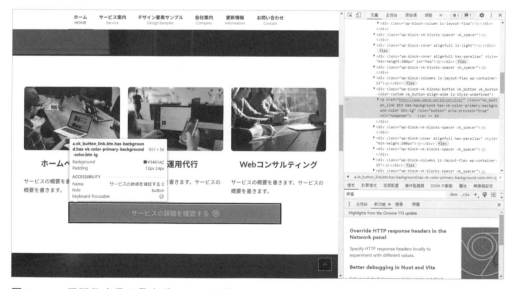

圖 5-5-2　用開發人員工具查看 Class 名稱

3. 繼續查看後發現，下圖的按鈕也被指定了「vk_button_link」的 Class 名稱，因此只要在這個「vk_button_link」被點按時進行測量，就能算出按鈕的點擊數。

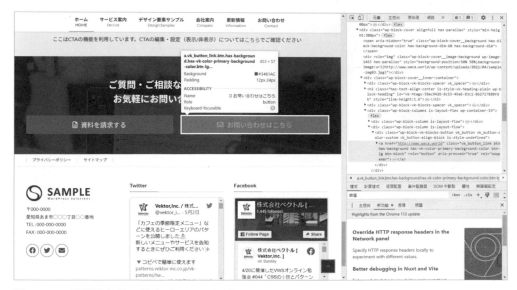

圖 5-5-3　用開發人員工具查看 Class 名稱

4. 在 GTM 中點選左側的「變數」項目，按「設定」鈕，然後勾選「點擊」分類中的「 Click Classes」。

圖 5-5-4　「變數」→「設定」→勾選「Click Classes」

5. 點選左側選單中的「觸發條件」，再按右側的「新增」鈕。

圖 5-5-5　點選「觸發條件」→「新增」

6. 輸入清楚易懂的名稱（本例輸入的是「按鈕點擊」），再點按「觸發條件設定」區。

圖 5-5-6　點按「觸發條件設定」區

7. 點選「點擊」分類中的「所有元素」。

圖 5-5-7　選擇「點擊」分類中的「所有元素」

8. 依下表設定觸發條件。

本例的觸發條件設定	
這項觸發條件的啟動時機	選擇「部分的連結點擊」 測量按鈕點擊時，以「具有特定 Class 名稱的按鈕」為測量對象。也就是説，由於必須測量有指定 Class 屬性之元素（按鈕）的點擊，故在此要選擇「部分的連結點擊」
有事件發生且這些條件全都符合時，啟用這項觸發條件	
左側	選擇「Click Classes」 指定剛剛在變數中勾選的「Click Classes」。如此便能取得發生點擊之元素的 Class 值
中央	包含
右側	輸入「vk_button_link」 輸入本例的 Class 名稱。請利用開發人員工具查看你的網站中按鈕的 Class 名稱後，輸入於此

按下「儲存」鈕，即完成觸發條件的設定。

圖 5-5-8　按鈕點擊的觸發條件設定

接著要設定代碼。

1. 於「工作區」點選「代碼」→「新增」。在上端將名稱輸入為「測量按鈕的點擊數（GA4）」後，點按「代碼設定」區。從代碼類型選單中選擇「Google Analytics（分析）：GA4 事件」。

圖 5-5-9　點選「Google Analytics（分析）：GA4 事件」

2. 在代碼設定畫面中，依下表輸入各設定值。

設定代碼 / 事件名稱	
項目	說明
設定代碼	「導入 Google Analytics（GA4）」 （若先前未建立「導入 Google Analytics（GA4）」，那麼請選擇「無 - 手動設定 ID」，然後輸入評估 ID）
事件名稱	「button_click」 （可輸入任意名稱，此名稱會顯示為 GA4 的事件項目）

事件參數		
參數名稱	值	說明
click_text	{{Click Text}}	利用變數來指定值，便可取得被點按的按鈕上的文字（例：聯絡我們） 所指定的參數名稱會顯示為 GA4 的事件報表項目

圖 5-5-10 「GA4 事件」的設定畫面

最後將「觸發條件」指定為剛剛建立好的「按鈕點擊」，再按下「儲存」鈕，即完成代碼的設定。

圖 5-5-11　按鈕點擊數的測量代碼設定範例

請在預覽模式或 Google Analytics 的即時報表中，確認代碼是否正常運作。

圖 5-5-12　預覽模式的確認畫面

測量社群網站按鈕的點擊數

測量社群網站按鈕的點擊數～ GA4 篇～

當網站上設置有 Twitter、Facebook、Instagram、LINE 等各種社群網站的分享圖示時，有時可能會需要測量各個社群網站按鈕分別被點按了幾次，藉此評估各按鈕的成效。由於社群網站按鈕屬於外部連結，無法以一般的 Google Analytics 測量，必須透過將按鈕點擊設為事件的方式來測量才行（請參考前述關於按鈕點擊數測量的說明）。

在此我們便要介紹，如何利用寫在社群網站按鈕上的 Class 屬性，來測量社群網站按鈕的點擊數。

應實作測量社群網站按鈕點擊數的情況

1. 為了確認瀏覽者對網站或文章的反應，因而想掌握各個頁面的社群網站按鈕點擊數時

2. 想將社群網站按鈕點擊數顯示在 Google Analytics 中，以幫助分析時

※ 我們可透過各個按鈕上所指定的 URL 來判別社群網站的種類並進行測量。

1. 首先要確認指定給社群網站按鈕的 Class 為何。若是使用 Google Chrome 瀏覽網站，可按 F12 鍵開啟開發人員工具。

圖 5-6-1　開發人員工具的畫面

2. 點按右側窗格左上角的箭頭圖示鈕後，即可將滑鼠指標移至網頁中的各個元素上以查看其 HTML 標籤。範例網站中各個社群網站按鈕的 <li> 標籤中都寫有「wp-block-social-link」這個共通 Class 名稱，當這個 Class 被點按，就代表社群網站按鈕被點按，故我們可利用此為觸發條件來進行測量。

此外，各個社群網站按鈕上都設有連往社群網站的連結，故我們要依據連結的 URL 來判斷被按下的是哪個社群網站按鈕。

圖 5-6-2　用開發人員工具查看 Class 名稱

3. 經查看後得知，Facebook 按鈕上的 URL 為「https://www.facebook.com/VektorInc/」。

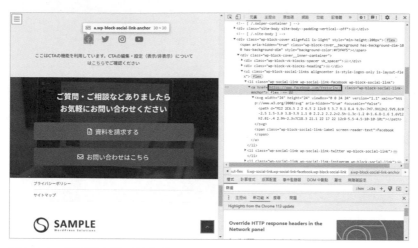

圖 5-6-3　用開發人員工具查看 URL

4. Twitter 按鈕上的 URL 為「https://twitter.com/vektor_inc」。同樣地，Instagram 的 URL 為「https://www.instagram.com/vektor_inc/」、YouTube 的 URL 則 是「https://www.youtube.com/user/VektorInc」。各個社群網站按鈕分別有各自的 URL，因此我們要利用這個 URL 來測量社群網站按鈕的點擊數。

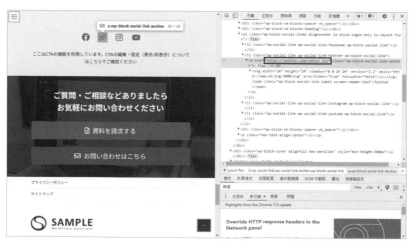

圖 5-6-4　用開發人員工具查看 URL

5. 首先分別將各個社群網站按鈕的 URL 轉換成對應的社群網站名稱。點選左側選單中的「變數」，再按下「使用者定義的變數」區中的「新增」鈕。

圖 5-6-5　點按「使用者定義的變數」區中的「新增」鈕

6. 輸入清楚易懂的變數名稱（本例輸入的是「查找社群網站」），再點按「變數設定」區。

圖 5-6-6　點按「變數設定」區

7. 點選變數類型清單中「公用程式」分類下的「對照表」。

圖 5-6-7　選擇「公用程式」分類中的「對照表」

8. 將「輸入變數」欄位指定為「{{Click URL}}」後，依下表設定「對照表」部分。

對照表的設定範例		
輸入	**輸出**	**說明**
https://www.facebook.com/VektorInc/	Facebook	當所點按的 URL 為「輸入」值時，就傳回「輸出」值 以此例來説，當所點按的 URL 為「https://www.facebook.com/VektorInc/」時，就傳回（轉換為）「Facebook」
https://twitter.com/vektor_inc	Twitter	當所點按的 URL 為「https://twitter.com/vektor_inc」時，就傳回（轉換為）「Twitter」
https://www.instagram.com/vektor_inc/	Instagram	當所點按的 URL 為「https://www.instagram.com/vektor_inc/」時，就傳回（轉換為）「Instagram」
https://www.youtube.com/user/VektorInc	YouTube	當所點按的 URL 為「https://www.youtube.com/user/VektorInc/」時，就傳回（轉換為）「YouTube」

變數設定

變數類型

⚙ 對照表   ✏

輸入變數 ⑦

{{Click URL}}   ▼   ⓘ

對照表 ⑦

輸入		輸出		
https://www.facebook.com/VektorInc/	🏗	Facebook	🏗	⊖
https://twitter.com/vektor_inc	🏗	Twitter	🏗	⊖
https://www.instagram.com/vektor_inc/	🏗	Instagram	🏗	⊖
https://www.youtube.com/user/VektorInc	🏗	YouTube	🏗	⊖

[+ 新增列]

☐ 設定預設值 ⑦

〉 格式值 ⑦

圖 5-6-8　對照表的設定範例

點按「儲存」鈕,即完成此變數的設定。

9. 點選左側選單中的「觸發條件」後,按下「新增」鈕。輸入清楚易懂的觸發條件名稱(本例輸入的是「社群網站按鈕點擊」),然後點按「觸發條件設定」區。點選「點擊」分類中的「僅連結」。

圖 5-6-9　點按「觸發條件設定」區後,選擇「點擊」分類中的「僅連結」

10. 接著設定「觸發條件」。

本例的觸發條件設定	
這項觸發條件 的啟動時機	**選擇「部分的連結點擊」** 測量按鈕點擊時，以「具有特定 Class 名稱的按鈕」為測量對象。也就是說，由於必須測量有指定 Class 屬性之元素（按鈕）的點擊，故在此要選擇「部分的連結點擊」
有事件發生且這些條件全都符合時，啟用這項觸發條件	
左側	**選擇「Click Classes」** 指定「Click Classes」變數。如此便能取得發生點擊之元素的 Class 值
中央	**選擇「包含」**
右側	**輸入「wp-block-social-link」** 輸入本例的 Class 名稱。請利用開發人員工具查看你的網站中按鈕的 Class 名稱後，輸入於此

按下「儲存」鈕，即完成觸發條件的設定。

圖 5-6-10　觸發條件的設定範例

繼續來設定代碼。

1. 於「工作區」點選「代碼」→「新增」。在上端將名稱輸入為「測量社群網站按鈕的點擊數（GA4）」後，點按「代碼設定」區。從代碼類型選單中選擇「Google Analytics（分析）：GA4 事件」。

圖 5-6-11　點選「Google Analytics（分析）：GA4 事件」

2. 在代碼設定畫面中，依下表輸入各設定值。

設定代碼 / 事件名稱	
項目	說明
設定代碼	「導入 Google Analytics（GA4）」 （若先前未建立「導入 Google Analytics（GA4）」，那麼請選擇「無 - 手動設定 ID」，然後輸入評估 ID）
事件名稱	「sns_click」 （可輸入任意名稱，此名稱會顯示為 GA4 的事件項目）

事件參數		
參數名稱	值	說明
sns_type	{{ 查找社群網站 }}	利用變數來設定值，便可得知「是哪個社群網站的按鈕被點按了（例：Facebook）」 所指定的參數名稱會顯示為 GA4 的事件報表項目

圖 5-6-12　事件代碼的設定

最後將「觸發條件」指定為剛剛建立好的「社群網站按鈕點擊」，再按下「儲存」
鈕，即完成代碼的設定。

圖 5-6-13　事件代碼的設定

請在預覽模式或 Google Analytics 的即時報表中，確認代碼是否正常運作。

圖 5-6-14　預覽模式的確認畫面

設定 Google Ads

這裡要介紹的是，如何透過 GTM 來測量 Google Ads 的轉換。要測量 Google Ads 的轉換時，有「直接在 HTML 原始碼中寫入測量轉換用的代碼」和「在 GTM 中設置代碼」兩種做法。其中利用 GTM 的做法不僅不需直接編輯 HTML 原始碼，又可在 GTM 的管理畫面中管理代碼（發布、暫停、刪除），操作管理起來可說是更輕鬆容易。

故在此便要為各位解說，如何在 GTM 中設定 Google Ads 的轉換。

必要條件

● 已於 Google Ads 的管理畫面設定轉換

● 已於設定轉換後，取得「轉換 ID」和「轉換標籤」

以上兩件事都可在 Google Ads 的管理畫面中達成，請事先設定好並取得所需資料。

轉換連接器

首先從轉換連接器的設定開始著手。所謂的「轉換連接器」是一項測量服務，可透過 GTM 來測量 Google Ads 的點擊資料。由於根據這些點擊資料，便能夠準確地衡量 Google Ads 的轉換效果，因此在測量廣告的轉換時，這可說是絕對必要的一項設定。

1. 在 GTM 的「工作區」點選「代碼」→「新增」。

圖 5-7-1　點選「代碼」→「新增」

2. 輸入清楚易懂的代碼名稱（本例輸入的是「Google Ads 轉換連接器」），然後點按「代碼設定」區，選擇「轉換連接器」。

圖 5-7-2　選擇「轉換連接器」

轉換連接器本身不需要做任何設定，故於選擇該代碼類型後，請直接進入觸發條件的設定。

3. 點按「觸發條件」區，選擇「All Pages」。

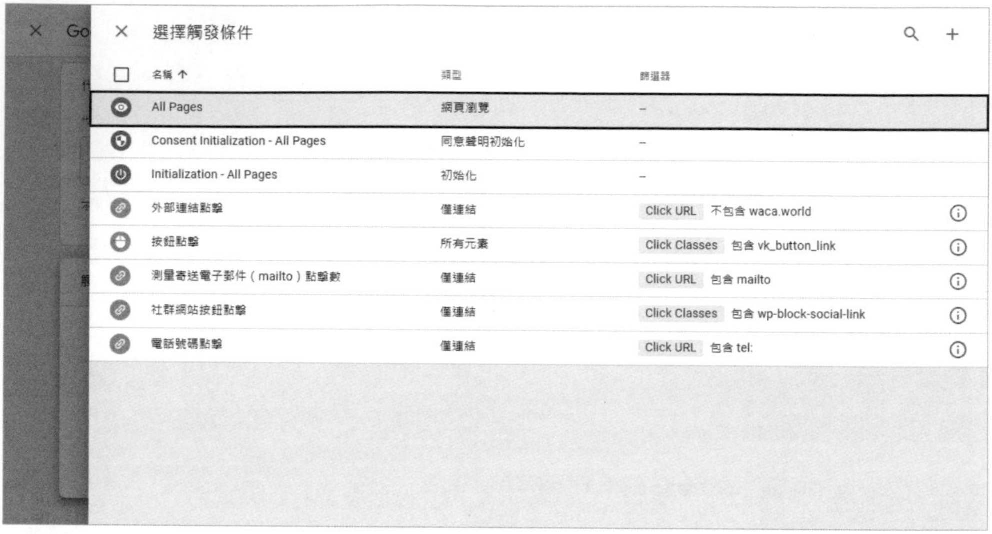

圖 5-7-3　點選「All Pages」

4. 按下「儲存」鈕，即完成轉換連接器的設定。

圖 5-7-4　轉換連接器的設定

※ 要跨網域評估的時候

當你要測量轉換的網站有跨不同網域時，請勾選「啟用跨網域連結」項目，並以逗號分隔的方式輸入各個目標對象網域。

※ 若傳送表單（移往購物車頁面等）時網域會改變的話，請將「裝飾表單」從「False」改為「True」。

※ 不使用「?」（標準查詢），而是必須從「#」（片段）讀取特定參數時，請將「網址位置」從「查詢參數」改為「片段」。

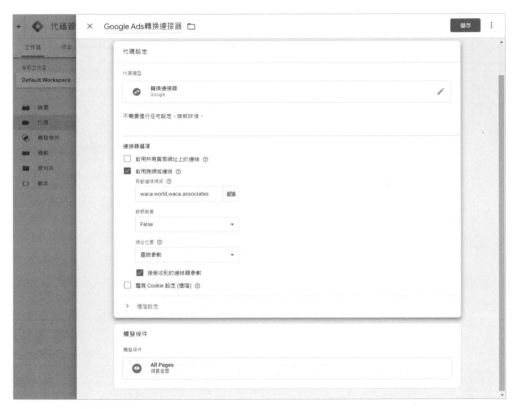

圖 5-7-5　轉換連接器的設定

再行銷代碼

接著來設定再行銷代碼。這是用來針對已看過廣告的使用者再次顯示廣告的設定。由於曾看過廣告的使用者對該廣告商品較有興趣，因此就獲取轉換而言，充分運用再行銷是非常有效的策略，請務必加以設定。

1. 在 GTM 的「工作區」點選「代碼」→「新增」。輸入清楚易懂的代碼名稱（本例輸入的是「Google Ads 再行銷代碼」），再點按「代碼設定」區。

圖 5-7-6　點選「Google Ads 再行銷」

2. 輸入從 Google Ads 管理畫面取得的「轉換 ID」。

3. 點按「觸發條件」區，選擇「All Pages」。

	名稱 ↑	類型	篩選器	
👁	All Pages	網頁瀏覽	–	
	Consent Initialization - All Pages	同意聲明初始化	–	
⏻	Initialization - All Pages	初始化	–	
🔗	外部連結點擊	僅連結	Click URL 不包含 waca.world	ⓘ
	按鈕點擊	所有元素	Click Classes 包含 vk_button_link	ⓘ
🔗	測量寄送電子郵件（mailto）點擊數	僅連結	Click URL 包含 mailto	ⓘ
🔗	社群網站按鈕點擊	僅連結	Click Classes 包含 wp-block-social-link	ⓘ
🔗	電話號碼點擊	僅連結	Click URL 包含 tel:	ⓘ

圖 5-7-7　點選「All Pages」

4. 點按「儲存」鈕，即完成再行銷代碼的設定。

圖 5-7-8　再行銷代碼的設定

轉換代碼

最後要進行的是轉換代碼的設定。

1. 在 GTM 的「工作區」點選「代碼」→「新增」。輸入清楚易懂的代碼名稱（本例輸入的是「Google Ads 轉換代碼」），再點按「代碼設定」區，點選「Google Ads 轉換追蹤」。

圖 5-7-9　點選「Google Ads 轉換追蹤」

2. 輸入從 Google Ads 管理畫面取得的「轉換 ID」及「轉換標籤」。

※「轉換價值」和「交易 ID」為選填欄位。

圖 5-7-10　輸入「轉換 ID」及「轉換標籤」

3. 點按下方的「觸發條件」區，選擇測量轉換用的觸發條件。本例選擇「測量寄送電子郵件（mailto）點擊數」。

	名稱 ↑	類型	篩選器	
👁	All Pages	網頁瀏覽	–	
⚙	Consent Initialization - All Pages	同意聲明初始化	–	
⏻	Initialization - All Pages	初始化	–	
🔗	外部連結點擊	僅連結	Click URL　不包含 waca.world	ⓘ
⊟	按鈕點擊	所有元素	Click Classes　包含 vk_button_link	ⓘ
🔗	測量寄送電子郵件（mailto）點擊數	僅連結	Click URL　包含 mailto	ⓘ
🔗	社群網站按鈕點擊	僅連結	Click Classes　包含 wp-block-social-link	ⓘ
🔗	電話號碼點擊	僅連結	Click URL　包含 tel:	ⓘ

圖 5-7-11　選擇測量轉換用的觸發條件

4. 最後點按「儲存」鈕，即完成轉換代碼的設定。

圖 5-7-12　轉換代碼的設定

這樣就完成了 Google Ads 的轉換設定。請在預覽模式或 Google Ads 的管理畫面中，確認代碼是否正常運作。

設定 Yahoo 廣告 (僅限日本)

這裡要介紹的是，如何透過 GTM 來測量 Yahoo 廣告的轉換。為了測量 Yahoo 廣告的轉換，一般必須「在 HTML 內設置」所謂的「網站通用代碼」與「轉換測量補充功能代碼」。然而若利用 GTM 的「自訂 HTML」的話，就不需直接編輯網站的 HTML 原始碼，又可在 GTM 的管理畫面中管理代碼（發布、暫停、刪除），操作管理起來可說是更輕鬆容易。

故在此便要為各位解說，如何在 GTM 中設定 Yahoo 廣告的轉換。

必要條件

● 已於 Yahoo 廣告的管理畫面設定轉換
● 已於設定轉換後，取得「網站通用代碼」與「轉換測量補充功能代碼」
● 已取得「網站通用代碼」與「網站再行銷代碼」

以上事項都可在 Yahoo 廣告的管理畫面中達成，請事先設定好並取得所需資料。

Yahoo 網站通用代碼

Yahoo 網站通用代碼是一種「反制 ITP（Intelligent Tracking Prevention，智慧追蹤預防）必不可少」的代碼。而所謂的 ITP，主要就是為 Apple 公司的 Safari 瀏覽器等所採用的一種「防止記錄使用者行為的機制」。基於保護隱私的角度，此機制會消除使用者的行為歷史記錄，因而導致難以針對至少看過一次廣告的使用者顯示「再行銷廣告」。

於是，做為一種反制此 ITP 的措施，就有了「Yahoo 網站通用代碼」。此代碼對顯示再行銷廣告來說是絕對必要，故請務必加以設定。

1. 在 GTM 的「工作區」點選「代碼」→「新增」。輸入清楚易懂的代碼名稱（本例輸入的是「Yahoo 網站通用代碼」），再點按「代碼設定」區。

於「請選擇代碼類型」畫面中，點選「探索社群範本庫的其他代碼類型」項目。

圖 5-8-1　點選「探索社群範本庫的其他代碼類型」項目

2. 在開啟的社群範本庫中，點按右上角的放大鏡圖示，於顯示出的搜尋欄位中輸入「Yahoo」，便可找到 Yahoo 的範本。在此我們選擇「Yahoo! 広告 サイトジェネラルタグ」（Yahoo 廣告網站通用代碼）。

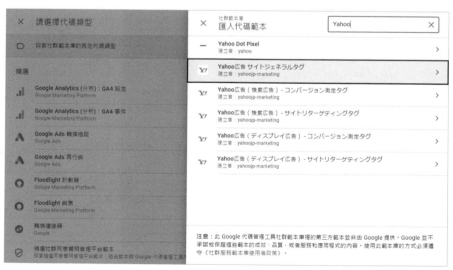

圖 5-8-2　點選「Yahoo! 広告 サイトジェネラルタグ」（Yahoo 廣告網站通用代碼）

3. 點按右上角藍色的「新增至工作區」鈕後，緊接著按下「新增」鈕。

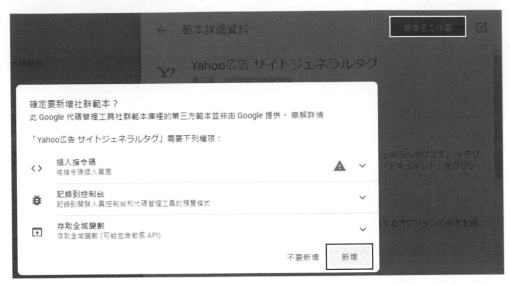

圖 5-8-3　點按「新增至工作區」鈕→「新增」鈕

4. 勾選「コンバージョン補完機能を利用する」（使用轉換補充功能）項目後，繼續勾選接著顯示出的「Cookie 以外のストレージをコンバージョン測定補完機能に利用する」（使用 Cookie 以外的其他存儲方式來實行轉換測量補充功能）項目。

圖 5-8-4　Yahoo 網站通用代碼的設定

代碼的部分已設定完成，接下來進行觸發條件的設定。

5. 點按「觸發條件」區，選擇「All Pages」，然後按「儲存」鈕，即完成觸發條件的設定。

圖 5-8-5　Yahoo 網站通用代碼的設定

Yahoo 廣告網站再行銷代碼

接著來設定再行銷代碼。這是用來針對已看過廣告的使用者再次顯示廣告的設定。由於曾看過廣告的使用者對該廣告商品較有興趣，因此就獲取轉換而言，充分運用再行銷廣告是非常有效的策略，請務必加以設定。

1. 在 GTM 的「工作區」點選「代碼」→「新增」。輸入清楚易懂的代碼名稱（本例輸入的是「Yahoo 廣告再行銷代碼」），再點按「代碼設定」區。

於「請選擇代碼類型」畫面中，點選「探索社群範本庫的其他代碼類型」項目。

圖 5-8-6　點選「探索社群範本庫的其他代碼類型」項目

2. 在開啟的社群範本庫中，點按右上角的放大鏡圖示，於顯示出的搜尋欄位中輸入「Yahoo」，便可找到 Yahoo 的範本。在此我們選擇「Yahoo 広告（検索広告）-サイトリターゲティングタグ」（Yahoo 廣告（搜尋廣告）- 網站再行銷代碼）。

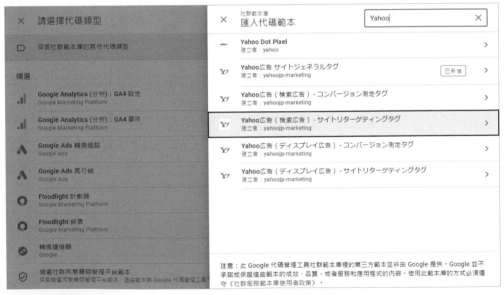

圖 5-8-7　點選「Yahoo 広告（検索広告）-サイトリターゲティングタグ」（Yahoo 廣告（搜尋廣告）- 網站再行銷代碼）

3. 點按右上角藍色的「新增至工作區」鈕後，緊接著按下「新增」鈕。

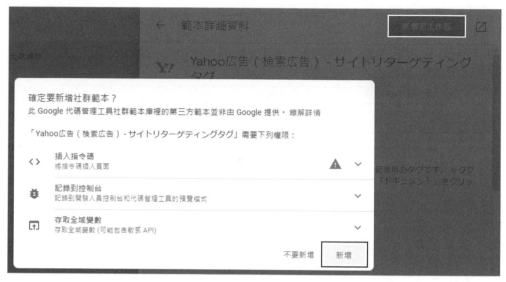

圖 5-8-8　點按「新增至工作區」鈕→「新增」鈕

4. 輸入從 Yahoo 搜尋廣告管理畫面取得的「リターゲティング ID」（再行銷 ID）。依序點開下方的「進階設定」→「代碼觸發順序」部分，勾選「在 Yahoo 廣告再行銷代碼觸發前先觸發一個代碼」項目後，從其下的「設立代碼」選單選擇「Yahoo 網站通用代碼」。

※ 再行銷代碼的啟用必須在「Yahoo 網站通用代碼」之後執行。

	名稱 ↑	類型	
A	Google Ads再行銷代碼	Google Ads 再行銷	ⓘ
A	Google Ads轉換代碼	Google Ads 轉換追蹤	ⓘ
🔄	Google Ads轉換連接器	轉換連接器	ⓘ
.ıl	Google Analytics(UA)全PV計測	Google Analytics (分析)：通用 Analytics (分析)	ⓘ
Y!	Yahoo網站通用代碼	Yahoo広告 サイトジェネラルタグ	ⓘ
<>	【Ptengine】熱圖代碼	自訂 HTML	ⓘ
.ıl	外部連結點擊數的測量(GA4)	Google Analytics (分析)：GA4 設定	ⓘ
.ıl	外部連結點擊數的測量(UA)	Google Analytics (分析)：通用 Analytics (分析)	ⓘ

圖 5-8-9　「再行銷代碼」要在「Yahoo 網站通用代碼」之後執行

代碼的部分已設定完成，接下來進行觸發條件的設定。

5. 點按「觸發條件」區，選擇「All Pages」。

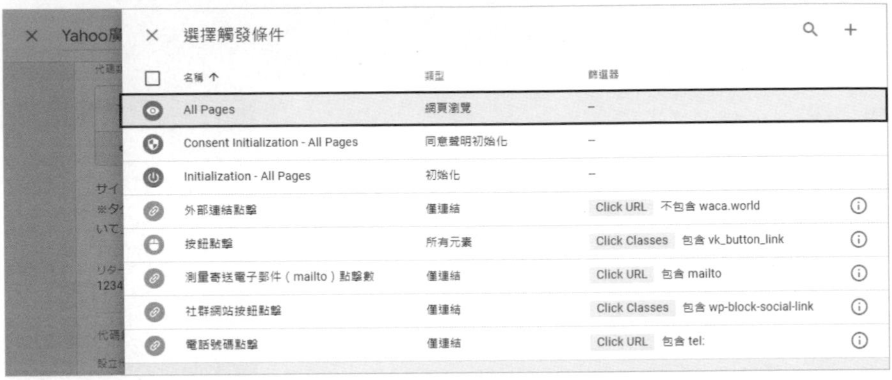

圖 5-8-10　點選「All Pages」

6. 最後點按「儲存」鈕，即完成觸發條件的設定。

圖 5-8-11　Yahoo 廣告再行銷代碼的設定

Yahoo 搜尋廣告轉換測量代碼

1. 在 GTM 的「工作區」點選「代碼」→「新增」。輸入清楚易懂的代碼名稱（本例輸入的是「Yahoo 搜尋廣告轉換測量代碼」），再點按「代碼設定」區。

於「請選擇代碼類型」畫面中，點選「探索社群範本庫的其他代碼類型」項目。

圖 5-8-12　點選「探索社群範本庫的其他代碼類型」項目

2. 在開啟的社群範本庫中，點按右上角的放大鏡圖示，於顯示出的搜尋欄位中輸入「Yahoo」，便可找到 Yahoo 的範本。在此我們選擇「Yahoo 広告（検索広告）- コンバージョン測定タグ」（Yahoo 廣告（搜尋廣告）- 轉換測量代碼）。

圖 5-8-13　點選「Yahoo 広告（検索広告）- コンバージョン測定タグ」（Yahoo 廣告（搜尋廣告）- 轉換測量代碼）

3. 點按右上角藍色的「新增至工作區」鈕後，緊接著按下「新增」鈕。

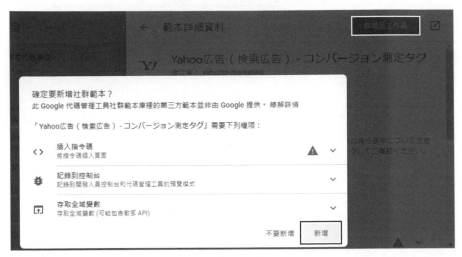

圖 5-8-14　點按「新增至工作區」鈕→「新增」鈕

4. 輸入從 Yahoo 搜尋廣告管理畫面取得的「コンバージョン ID」（轉換 ID）及「コンバージョンラベル」（轉換標籤）。依序點開下方的「進階設定」→「代碼觸發順序」部分，勾選「在 Yahoo 搜尋廣告轉換測量代碼觸發前先觸發一個代碼」項目後，從其下的「設立代碼」選單選擇「Yahoo 廣告再行銷代碼」。

※Yahoo 搜尋廣告的轉換測量，一定要在再行銷代碼啟動之後才觸發。若是於再行銷代碼之前觸發，則再行銷廣告也會投放給已轉換的使用者。

	名稱 ↑	類型	
Google Ads再行銷代碼		Google Ads 再行銷	ⓘ
Google Ads轉換代碼		Google Ads 轉換組設	ⓘ
Google Ads轉換連接器		轉換連接器	ⓘ
Google Analytics(UA)全PV計測		Google Analytics (分析)：通用 Analytics (分析)	ⓘ
Yahoo廣告再行銷代碼		Yahoo 廣告（檢索廣告）- サイトリターゲティングタグ	ⓘ
Yahoo網站通用代碼		Yahoo広告 サイトジェネラルタグ	ⓘ
【Ptengine】熱圖代碼		自訂 HTML	ⓘ
外部連結點擊數的測量(GA4)		Google Analytics (分析)：GA4 設定	ⓘ
外部連結點擊數的測量(UA)		Google Analytics (分析)：通用 Analytics (分析)	ⓘ

圖 5-8-15　「轉換代碼」要在「再行銷代碼」之後執行

代碼的部分已設定完成，接下來進行觸發條件的設定。

5. 點按「觸發條件」區，選擇測量轉換用的觸發條件。本例選擇「測量寄送電子郵件（mailto）點擊數」。

圖 5-8-16　選擇測量轉換用的觸發條件

6. 最後點按「儲存」鈕，即完成觸發條件的設定。

圖 5-8-17　Yahoo 搜尋廣告轉換測量代碼的設定

設定 Facebook 廣告

這裡要介紹的是，如何透過 GTM 來測量 Facebook 廣告的轉換。為了測量 Facebook 廣告的轉換，一般必須「在 HTML 內設置」所謂的「Facebook 像素代碼」。然而若利用 GTM 的「自訂 HTML」的話，就不需直接編輯網站的 HTML 原始碼，又可在 GTM 的管理畫面中管理代碼（發布、暫停、刪除），操作管理起來可說是更輕鬆容易。故在此便要為各位解說，如何在 GTM 中設定 Facebook 廣告的轉換。

必要條件
- 已於企業管理平台完成廣告的設定
- 已從企業管理平台的管理畫面取得「像素代碼」

以上事項都可在 Meta 企業管理平台的管理畫面中達成，請事先設定好並取得所需資料。

首先要進行像素代碼的設定。所謂的「像素代碼」，就是一種能將使用者在網站上的行為傳送給 Facebook 廣告以進行分析的工具。廣告的顯示次數（imp）或點擊數、點擊率等，就算沒有像素代碼也能測量，但若是沒有測量站內行為的代碼（亦即像素代碼），便無法測量訪問網站後的使用者行為。

1. 在 GTM 的「工作區」點選「代碼」→「新增」。輸入清楚易懂的代碼名稱（本例輸入的是「Facebook 像素代碼」），再點按「代碼設定」區。

圖 5-9-1 點按「代碼設定」區

2. 選擇「自訂 HTML」代碼類型，然後貼入像素代碼。

圖 5-9-2　將「像素代碼」貼入至「自訂 HTML」的「HTML」欄位

代碼的部分已設定完成，接下來進行觸發條件的設定。

3. 點按「觸發條件」區，選擇「All Pages」。

圖 5-9-3　點選「All Pages」

4. 最後點按「儲存」鈕，即完成觸發條件的設定。

圖 5-9-4　Facebook 像素代碼的設定

取得頁面捲動的資料

藉由測量頁面捲動，便能掌握使用者瀏覽網頁的進度。此外當使用者沒有瀏覽到頁面底端時，就表示捲動停止處很可能存在問題，而像這樣的判斷對於改善內容也很有幫助。

在本節中，我們便要為各位介紹如何測量頁面的捲動量。由於 GTM 具備可測量捲動量的變數與觸發條件，故不需改寫網站原始碼，即可輕鬆測量。

應實作測量頁面捲動的情況

1. 想掌握頁面被瀏覽到什麼程度時
2. 想獲得相關線索以便改善內容時

取得頁面捲動的資料～ GA4 篇～

針對網頁捲動量的資料取得，GTM 提供了一些相關變數可供利用。

捲動類變數	
變數名稱	說明
Scroll Depth Threshold	所設定的門檻值。設定為「10,20,30」時，會分別於達到各個捲動量時被計入測量
Scroll Depth Units	表示門檻值的單位。若為百分比，就顯示為 %
Scroll Direction	表示捲動的方向。垂直方向為 vertical，水平方向為 horizontal

這些內建變數只要勾選後便可使用，所以讓我們先來勾選以啟用之。

1. 點選左側選單中的「變數」，再按下「內建變數」區中的「設定」鈕。

圖 5-10-1　點按「內建變數」區中的「設定」鈕

2. 在顯示出的清單中的「捲動」類之下，勾選你想收集的變數資料。你可以勾選所有項目。

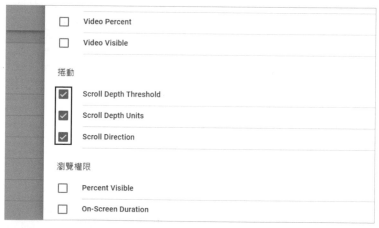

圖 5-10-2　勾選想要收集的變數資料

已勾選的項目就可做為變數以供使用。接著要設定觸發條件。

3. 點選左側選單中的「觸發條件」，再按右側的「新增」鈕。輸入清楚易懂的觸發條件名稱（本例輸入的是「頁面捲動」），然後點按「觸發條件設定」區，點選「使用者參與」類中的「捲動頁數」。

圖 5-10-3　點選「使用者參與」類中的「捲動頁數」

4. 接下來進行「捲動頁數」觸發條件的設定。以網頁來說，多半都是朝垂直方向捲動，故要勾選「垂直捲動頁數」。然後在「百分比」欄位以逗號分隔的方式，依需要指定想測量的捲動量，例如「捲動 10%、捲動 20%......」。

本例的觸發條件設定	
垂直捲動頁數	勾選
百分比	會依據所指定的捲動量顯示在 Google Analytics 的報表中
這項觸發條件的啟動時機	選擇「所有網頁」（要測量所有頁面時） 只要測量某些特定頁面時，則選擇「部分網頁」

圖 5-10-4　捲動頁數觸發條件的設定

5. 點按「儲存」鈕，即完成觸發條件的設定。

接著來設定代碼。

1. 於「工作區」點選「代碼」→「新增」。在上端將名稱輸入為「取得頁面捲動的資料（GA4）」後，點按「代碼設定」區。從代碼類型選單中選擇「Google Analytics（分析）：GA4 事件」。

圖 5-10-5　點選「Google Analytics（分析）：GA4 事件」

2. 在代碼設定畫面中，依下表輸入各設定值。

設定代碼 / 事件名稱	
項目	說明
設定代碼	「導入 Google Analytics（GA4）」 （若先前未建立「導入 Google Analytics（GA4）」，那麼請選擇「無 - 手動設定 ID」，然後輸入評估 ID）
事件名稱	「scroll_depth」 （可輸入任意名稱，此名稱會顯示為 GA4 的事件項目）

事件參數		
參數名稱	值	說明
scroll_depth	{{Scroll Depth Threshold}}	（可指定任意變數，而指定 {{Scroll Depth Threshold}} 變數便可得知「觸發條件所設定的門檻值（例：10%、20%......）」）

圖 5-10-6　事件代碼的設定

最後將「觸發條件」指定為剛剛建立好的「頁面捲動」，再按下「儲存」鈕，即完成代碼的設定。

圖 5-10-7　取得頁面捲動的資料的設定

這樣 GA4 的事件報表中就會顯示出頁面捲動的事件了。請在預覽模式或 Google Analytics 的即時報表中，確認代碼是否正常運作。

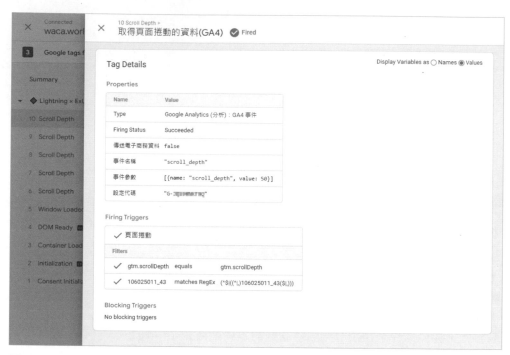

圖 5-10-8　預覽模式的確認畫面

藉由啟用 GA4 所引進之「加強型事件評估功能」的「捲動」，就能在不使用 GTM 的情況下，測量捲動量達 90% 的資料。此外，事件名稱若設為「scroll」，資料會遭到覆寫，故建議將事件名稱設為其他名稱。

取得影片播放的資料

當網頁上有提供影片內容時，利用 GTM 便能夠測量這些影片被播放了幾次、播放了多久等資料。而分析這類影片播放的資料，可幫助我們改善影片內容。

因此在本節中，我們便要為各位介紹如何測量 YouTube 影片。由於 GTM 具備可測量 YouTube 影片的變數與觸發條件，故不需改寫網站原始碼，即可輕鬆測量。而新版的 GA4 甚至已能在不使用 GTM 的情況下，測量影片播放的資料。

應實作測量影片播放資料的情況

1. 網頁上有提供影片內容時
2. 想獲得相關線索以便改善影片內容時

取得影片播放的資料～ GA4 篇～

藉由啟用 GA4 所引進之「加強型事件評估功能」的「影片參與」，就能在不使用 GTM 的情況下，測量與影片有關的資料。

GA4 影片參與	
事件名稱	說明
video_start	開始播放影片時
video_progress	影片播放進度達到整體片長的 10%、25%、50%、75% 以上時
video_complete	影片播放完畢時

影片參與中具代表性的參數	
參數	說明
video_provider	影片的提供者（例：YouTube）
video_title	YouTube 影片的標題（例：GTM 入門）

參數	說明
video_url	YouTube 影片的 URL（例：https://www.youtube.com/~）
page_location	網頁的 URL（例：https://sample.com）

圖 5-11-9　GA4 的事件確認畫面

由於 Google 已淘汰舊版的 Google Analytics（UA）設定，故在測量影片播放的資料方面，建議直接使用 GA4 的功能。

取得影像顯示的資料

GTM 具備相關機制，可讓我們測量如網頁上的「影像」及「提出申請用的橫幅」等特定元素在畫面中顯示時的資料。相對於頁面捲動是測量整體顯示狀況的手段，在測量「某個特定部分是否有顯示出來」時，則要使用影像可見度的觸發條件。

應實作取得影像顯示的資料的情況

1. 想掌握特定元素（影像或橫幅等）的可見程度時

2. 想獲得相關線索以便改善內容時

【必要條件】以本例來說，所測量的影像必須是一開始不會立刻顯示出來的影像，例如下圖綠框處「位於網頁下端的影像」。

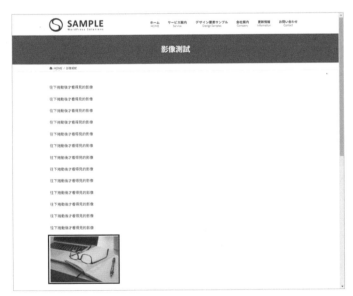

圖 5-12-1　測量特定元素在畫面中顯示時的資料

本例的這個影像元素具有「imageTest」的 Class 名稱。

我們要在 Class 名稱為「imageTest」的元素在畫面中顯示出來時，啟動觸發條件。

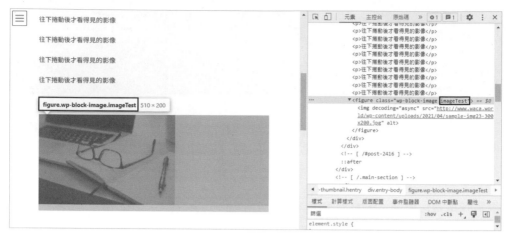

圖 5-12-2　用開發人員工具查看 Class 名稱

取得影像顯示的資料～ GA4 篇～

1. 首先要建立會於影像顯示出來時啟動的「觸發條件」。

點選左側選單中的「觸發條件」，再按右側的「新增」鈕，輸入清楚易懂的觸發條件名稱（本例輸入的是「影像顯示」），然後點按「觸發條件設定」區。

2. 點選「使用者參與」類中的「元素可見度」。

圖 5-12-3　點選「使用者參與」類中的「元素可見度」

3. 參考下表進行設定。

本例的觸發條件設定	
項目	說明
選取方式	**CSS 選取器** 可選擇「ID」或「CSS 選取器」。由於本例的元素被指定了「imageTest」的 Class 名稱，故選擇「CSS 選取器」
元素選擇器	**.imageTest** 輸入元素所具有的選取器名稱，本例輸入「.imageTest」。 而除了 Class 之外，也可輸入 h 標籤、p 標籤等
啟動此觸發條件的時機	**每個網頁一次** 選擇觸發條件啟動的時機 「每個網頁一次」：即使網頁上有多個元素符合所指定的元素選擇器，每個網頁仍只會觸發一次 「每個元素一次」：若網頁上有多個元素符合所指定的元素選擇器，則每個元素分別只會觸發一次 「每次元素在畫面上顯示時」：所指定的元素每一次顯示時都會觸發
最低可見百分比	**50** 要在所指定的元素顯示出多少百分比的時候觸發。若設為 50，就會在所指定元素於畫面中顯示出至少一半（50%）的時候觸發
觀察 DOM 改變情形	**不勾選** 此項目是用於當 HTML 的結構（DOM）有變化時，判斷變化後所指定之元素是否仍存在
這項觸發條件的啟動時機	**所有可見度事件** 若要在所有頁面上啟動事件時，就選擇「所有可見度事件」。若是只以特定頁面為測量對象，則選「部分可見度事件」，並指定條件

5-12

點按「儲存」鈕，即完成此觸發條件的設定。

圖 5-12-4　觸發條件的設定

現在要來進行代碼的設定。

1. 於「工作區」點選「代碼」→「新增」。在上端將名稱輸入為「取得影像顯示的
資料（GA4）」後，點按「代碼設定」區。從代碼類型選單中選擇「Google
Analytics（分析）：GA4 事件」。

圖 5-12-5　點選「Google Analytics（分析）：GA4 事件」

2. 在代碼設定畫面中，依下表輸入各設定值。

設定代碼 / 事件名稱	
項目	說明
設定代碼	「導入 Google Analytics（GA4）」 （若先前未建立「導入 Google Analytics（GA4）」，那麼請選擇「無 - 手動設定 ID」，然後輸入評估 ID）
事件名稱	「image_display」 （可輸入任意名稱，此名稱會顯示為 GA4 的事件項目）

事件參數		
參數名稱	值	說明
sample_banner	「{{Page URL}}」	所指定的參數名稱會顯示為 GA4 的事件報表項目

圖 5-12-6　事件代碼的設定

最後將「觸發條件」指定為剛剛建立好的「影像顯示」，再按下「儲存」鈕，即完成代碼的設定。

圖 5-12-7　取得影像顯示的資料的設定

請在預覽模式或 Google Analytics 的 DebugView 報表中，確認代碼是否正常運作。

圖 5-12-8　預覽模式的確認畫面

圖 5-12-9　GA4 的 DebugView 畫面

只要在使用 GTM 的預覽模式時，於 GA4 選擇「管理」後，在管理畫面中央的「資源」欄中點選「DebugView」，即可在 DebugView 報表中查看所有的事件與參數。由於 DebugView 能夠進行即時的資料採集驗證，故對於檢驗代碼的運作很有幫助。

取得點擊表單元素的資料

藉由測量聯絡表單的「名稱」、「電子郵件地址」等輸入欄位的點擊狀況，便能夠判斷使用者輸入到了哪個欄位，或者到了哪個欄位的時候就放棄而不再繼續填寫。改善多數人都放棄不填的項目，就能避免使用者從申請表單離站，進而提高獲得更多轉換的可能性。

應實作取得點擊表單元素的資料的情況

1. 想知道使用者在填寫申請表單時填寫了哪些項目、放棄了哪些項目

2. 想獲得相關線索以便改善申請表單時

【**必要條件**】以本例來説，網站中必須已經設置有表單，且有多個「輸入項目」及「傳送按鈕」可進行點擊測量。

圖 5-13-1　測量表單的放棄項目

取得點擊表單元素的資料～ GA4 篇～

我們要先從會在各個輸入項目被點按時啟動的觸發條件開始建立起。各個單行的輸入項目都是由「<input> 標籤」構成，並分別以「name 屬性」設定了各個項目的名稱（例如「お名前（姓名 =your-name）」、「ふりがな（姓名讀音 =kana-name）」。而「お問い合わせ內容（洽詢內容）」的輸入項目則是以「<textarea> 標籤」構成。

也就是說，只要「在 <input> 標籤、<textarea> 標籤被點按時啟動（觸發條件）」→「於啟動時取得 name 屬性的值（變數）」，就能取得各個輸入項目的點擊數。

圖 5-13-2　用開發人員工具查看表單元素

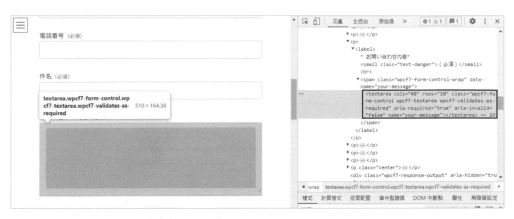

圖 5-13-3　用開發人員工具查看表單元素

因此首先便來建立「會在 <input> 標籤、<textarea> 標籤被點按時啟動」的觸發條件。而為了判斷「<input> 標籤、<textarea> 標籤」是否被點按,於建立觸發條件之前,要先準備好「自動事件變數」。

1. 在 GTM 中點選左側的「變數」項目,按「使用者定義的變數」區中的「新增」鈕,在左上角輸入清楚易懂的變數名稱(本例輸入的是「$元素的類型」)後,點選「變數設定」區,選擇「網頁元素」分類下的「自動事件變數」。

圖 5-13-4　選擇「網頁元素」分類下的「自動事件變數」

2. 將「變數類型」選為「元素類型」。這樣就能在發生點擊時取得元素的類型(<input> 標籤、<textarea> 標籤等)。

※ 所取得的元素類型會是大寫的英文字,如以下在預覽模式中的「Variables」分頁所示。

圖 5-13-5　在預覽模式中查看所取得的「元素類型」

3. 按下「儲存」鈕，即完成此變數的設定。接著再設定「會在 <input> 標籤、<textarea> 標籤被點按時啟動」的觸發條件。

圖 5-13-6　將「變數類型」選為「元素類型」

4. 點選左側的「觸發條件」項目後，按「新增」鈕，在左上角輸入清楚易懂的名稱（本例輸入的是「$ 點擊表單元素」)」，再點選「觸發條件設定」區，選擇「點擊」分類下的「所有元素」。

圖 5-13-7　選擇「點擊」分類中的「所有元素」

5. 參考下表設定觸發條件。

本例的觸發條件設定	
這項觸發條件的啟動時機	**選擇「部分點擊」** 由於在測量表單輸入項目的點擊時，要以「<input> 標籤、<textarea> 標籤」為測量對象，故在此選擇「部分點擊」
有事件發生且這些條件全都符合時，啟用這項觸發條件	
左側	**選擇「$ 元素的類型」** 亦即選擇剛剛設定好的自動事件變數的名稱
中央	**選擇「與規則運算式相符」**
右側	**輸入「INPUT|TEXTAREA」** 亦即輸入用自動事件變數取得之元素類型（大寫的英文字） 在此我們利用規則運算式，指定為「INPUT」或「TEXTAREA」

圖 5-13-8　觸發條件的設定

點按「儲存」鈕，即完成此觸發條件的設定。繼續要設定的是「於啟動時取得 name 屬性之值（變數）」，而這部分我們也是利用「自動事件變數」來取得「name 屬性」的值。

在 GTM 中點選左側的「變數」項目，按「使用者定義的變數」區中的「新增」鈕，在左上角輸入清楚易懂的變數名稱（本例輸入的是「元素的 name」）後，點選「變數設定」區，選擇「網頁元素」分類下的「自動事件變數」。

圖 5-13-9　選擇「網頁元素」分類下的「自動事件變數」

6. 將「變數類型」選為「元素屬性」。而由於是要取得輸入項目的「name 屬性」之值，故將「屬性名稱」指定為「name」。

圖 5-13-10　用開發人員工具查看屬性名稱

圖 5-13-11　將「變數類型」選為「元素屬性」，並將「屬性名稱」指定為「name」

這樣就能在發生點擊時取得元素的屬性名稱（name 屬性的值）。

※ 如以下在預覽模式中的「Variables」分頁所示

圖 5-13-12　預覽模式的確認畫面

按下「儲存」鈕，即完成「於啟動時取得 name 屬性之值」的變數設定。

7.「傳送按鈕」上並沒有設定「name 屬性」，因此無法在被點按時取得其項目名稱。不過傳送按鈕上設有「type="submit"」，故我們可取得「submit」來做為其項目名稱。這部分的做法和剛剛「取得 name 屬性」的變數一樣，就利用自動事件變數來「取得 type 屬性之值」即可。

8. 在 GTM 中點選左側的「變數」項目，按「使用者定義的變數」區中的「新增」鈕，在左上角輸入清楚易懂的變數名稱（本例輸入的是「元素的 type」）後，點選「變數設定」區，選擇「網頁元素」分類下的「自動事件變數」。

圖 5-13-13　選擇「網頁元素」分類下的「自動事件變數」

9. 將「變數類型」選為「元素屬性」。而由於是要取得「type 屬性」之值，故將「屬性名稱」指定為「type」。

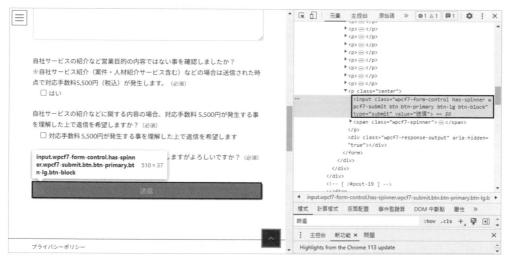

圖 5-13-14　用開發人員工具查看屬性名稱

圖 5-13-15　將「變數類型」選為「元素屬性」，並將「屬性名稱」指定為「type」

這樣就能在發生點擊時取得傳送按鈕的屬性名稱（type 屬性的值 =submit）。

※ 如以下在預覽模式中的「Variables」分頁所示

圖 5-13-16　預覽模式的確認畫面

按下「儲存」鈕，即完成「於啟動時取得 type 屬性之值」的變數設定。

10. 至此，我們已準備好「name 屬性之值」和「type 屬性之值」這兩個變數。在 Google Analytics 的事件中，例如若要指定將被點按的表單元素顯示於「標籤」的話，是只能輸入一個變數的。因此我們要利用「對照表」，將這兩個變數整合在一起。

11. 點選左側的「變數」項目，按「使用者定義的變數」區中的「新增」鈕，在左上角輸入清楚易懂的變數名稱（本例輸入的是「$ 對照 _ 表單元素」）後，點選「變數設定」區。

12. 點選變數類型清單中「公用程式」分類下的「對照表」。

圖 5-13-17 選擇「公用程式」分類中的「對照表」

13. 依下表設定對照表變數的各個欄位。

<table>
<tr><th colspan="3">對照表的設定</th></tr>
<tr><th>項目</th><th>值</th><th>說明</th></tr>
<tr><td>輸入變數</td><td>選擇「{{ 元素的 name}}」</td><td>將以自動事件變數建立成的「{{ 元素的 name}}」設為鍵</td></tr>
<tr><td>對照表</td><td>輸入：（空白）
輸出：{{ 元素的 type}}</td><td>亦即當為鍵的 {{ 元素的 name}} 是「（空白）」的時候，就輸出「{{ 元素的 type}}」
若有取得 {{ 元素的 name}}，則跳出此處理</td></tr>
<tr><td>設定預設值</td><td>勾選</td><td>在對照表中找不到符合條件的值時，即明確地設定此變數的值</td></tr>
<tr><td>預設值</td><td>{{ 元素的 name}}</td><td>除非對照表所取得的值為「（空白）」，否則都將值設為 {{ 元素的 name}}</td></tr>
</table>

也就是說，

A：{{ 元素的 name}} 為「（空白）」（= 傳送按鈕）時，設定為 {{ 元素的 type}}

B：{{ 元素的 name}} 不為「（空白）」時，亦即有取得值（= 表單的輸入項目名稱）時，設定為 {{ 元素的 name}}。

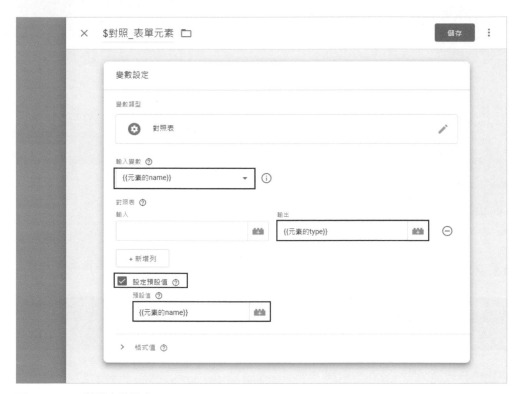

圖 5-13-18　對照表的設定

點按「儲存」鈕，即完成此變數的設定。如此便能依據狀況條件，在單一位置顯示「{{ 元素的 name}}」和「{{ 元素的 type}}」。

最後來設定代碼。

1. 於「工作區」點選「代碼」→「新增」。點選「代碼」→「新增」，在上端將名稱輸入為「$ 測量表單元素的點擊數（GA4）」後，點按「代碼設定」區。從代碼類型選單中選擇「Google Analytics（分析）：GA4 事件」。

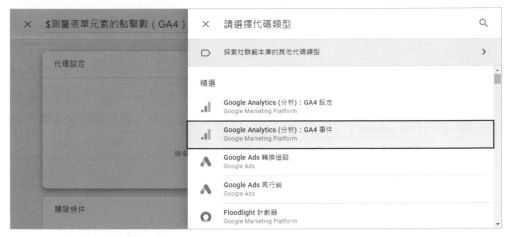

圖 5-13-19　點選「Google Analytics（分析）：GA4 事件」

2. 在代碼設定畫面中，依下表輸入各設定值。

設定代碼 / 事件名稱	
項目	說明
設定代碼	「導入 Google Analytics（GA4）」 （若先前未建立「導入 Google Analytics（GA4）」，那麼請選擇「無 - 手動設定 ID」，然後輸入評估 ID）
事件名稱	「form_element_click」 （可輸入任意名稱，此名稱會顯示為 GA4 的事件項目）

事件參數		
參數名稱	值	說明
form_element_name	{{$ 對照 _ 表單元素 }}	指定 {{$ 對照 _ 表單元素 }} 變數，即可測量表單的輸入項目名稱或傳送按鈕的 submit 值

圖 5-13-20　事件代碼的設定

最後將「觸發條件」指定為先前建立好的「$點擊表單元素」，按下「儲存」鈕，就大功告成。

圖 5-13-21　取得點擊表單元素的資料的設定範例

請在預覽模式或 Google Analytics 的即時報表中，確認代碼是否正常運作。

圖 5-13-22　預覽模式的確認畫面

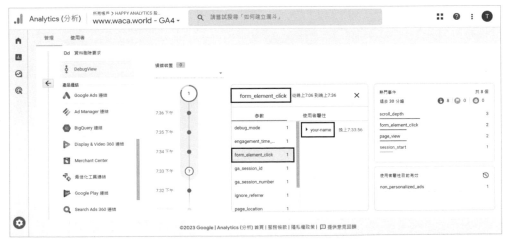

圖 5-13-23　GA4 的 DebugView 畫面

Chapter **6**

可依用途查找的超實用範例
應用篇

在 Chapter 6 中，我們要從 Google 代碼管理工具的基本功能往上升級，學習更進一步的應用方式。Chapter 6 的主要目的，是要為各位奠定基礎，好讓各位能夠自行完成自己所需要的獨特設定。雖說本章是以「怎樣的設定能夠進行什麼樣的測量」為主軸來介紹，不過依據各個讀者的環境不同，某些內容或許根本毫無利用價值也說不定。因此不要只是單純地依樣畫葫蘆，學習時請務必著重於「觀念」才好。

建立自訂變數

Google 代碼管理工具（以下簡稱 GTM）的變數有兩種，一種是事先準備好的「內建變數」，另一種是由使用者自行定義的「使用者定義變數」。

尤其是使用者定義變數，可根據每個人的不同想法，自由創建出各式各樣的變數。由於能以同樣的方法達成只用內建變數無法做到的詳細條件設定，故在此將嚴選並介紹實務上使用頻率高且容易設定的一些例子。

取得頁面路徑與參數

有些網站的頁面 URL 會像下面這樣，其 URL 的末尾處附有以「？」起頭的字串。

（例）https:// ●● .com/item/?cat=123

這個「?cat=123」的部分叫做「參數」，其功能與使用目的會隨各個網站而有所不同。常見的例子包括依據參數值來改變頁面的顯示內容、藉由讓使用者點按附有參數的 URL 來辨識使用者的流入途徑等。

那麼，該怎麼設定，才能建立會在使用者瀏覽剛剛的例子「https:// ●● .com/item/?cat=123」時啟動的觸發條件呢？

實際上當使用者瀏覽該 URL 時，存入「Page URL」和「Page Path」的值會是如下這樣。

● Page URL 的值：https:// ●● .com/item/?cat=123
● Page Path 的值：/item/

如上所示，「Page Path」只會取得除了參數以外的路徑部分。

因此，如果是依據參數值來改變顯示內容的網頁，只靠路徑是無法指定特定頁面的。

這時多數人都會做出「那就使用 Page URL」的結論，但如此一來，一旦遇上網站搬家或需要改成 SSL 安全連線（從 http 改成 https）的情況，所有以「PageURL」設定的觸發條件就都必須重新改寫才行。

如果有「Page Path」再加上參數的變數就好了，只可惜在 GTM 的標準內建變數中並不存在這樣的變數。故在此，我們就要來建立「Page Path」加上參數的「頁面路徑與參數」變數。

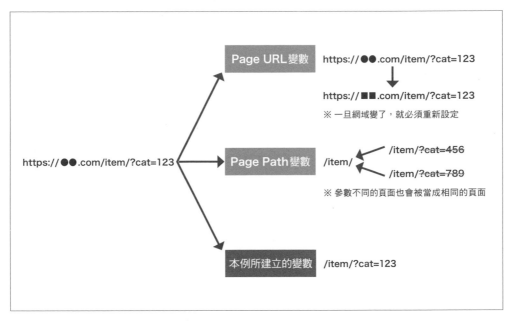

圖 6-1-1　將參數也存入至變數的處理

1. 點選 GTM 左側選單中的「變數」，按下「使用者定義的變數」區中的「新增」鈕後，點按「變數設定」區，以建立並設定如下的新變數。

■查詢
變數類型：網址（在「導覽」分類下）
元件類型：查詢

圖 6-1-2　建立網址類型的變數

網址（URL）類型的變數可從 URL 擷取出指定的部分。在此我們想擷取接在「？」之後的參數部分，故將「元件類型」指定為「查詢」。不過以「查詢」擷取出的部分不會包含「？」，故請務必記得在之後的設定中結合頁面路徑時，必須加上「？」才行。

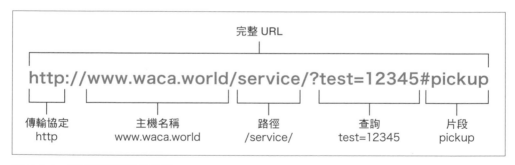

圖 6-1-3　網址類型變數的結構

2. 再次點選 GTM 左側選單中的「變數」，建立並設定如下的新變數。

■頁面路徑與參數

變數類型：對照表（在「公用程式」分類下）

輸入變數：{{ 查詢 }}

對照表：

第 1 列：（輸入）{{ 查詢 }}/（輸出）{{Page Path}}?{{ 查詢 }}

第 2 列：（輸入）空白 /（輸出）{{Page Path}}

圖 6-1-4　建立對照表類型的變數（做法 1）

這樣的設定就是在依據「查詢」變數的值來改變輸出的值。

對照表的第 1 列設定的是「若有查詢，就依序輸出頁面路徑、「?」以及查詢」。剛剛在建立網址類型的變數時曾說明過「查詢不會包含「?」」，所以這裡要在「{{Page Path}}」和「{{ 查詢 }}」之間補上一個「?」。而對照表的第 2 列設定的是「若查詢為空白，就只輸出頁面路徑」。

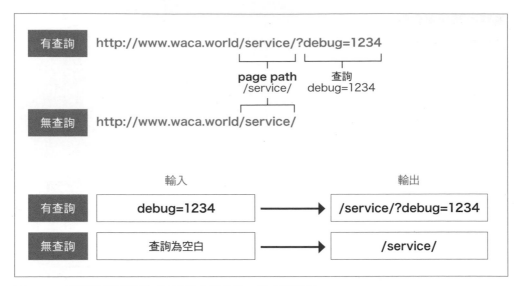

圖 6-1-5　對照表類型變數「頁面路徑與參數」的處理邏輯

此外，第 2 列也可設定成如下這樣。

輸入變數 ⑦

| {{查詢}} | ▼ | ⓘ |

對照表 ⑦

輸入

| {{查詢}} | 🧱 |

| | 🧱 |

輸出

| {{Page Path}}?{{查詢}} | 🧱 | ⊖ |

| | 🧱 | ⊖ |

圖 6-1-6　建立對照表類型的變數（做法 2）

此設定的意思是「若查詢為空白，就輸出空白」，亦即沒有查詢的話，就什麼都不輸出。

至於到底該採用哪種設定方式？就請各位依據公司的 GTM 運用方針或網站的環境，來選擇合適的做法。

3. 為了確認所建立的變數能否正常取得值，請開啟 GTM 的預覽模式。按下「預覽」鈕，便會顯示「Connect Tag Assistant to your site」彈出視窗，請輸入如下圖的設定後，再按「Connect」鈕。

- Your website's URL：http://www.waca.world/service/
- Include debug signal in the URL：勾選

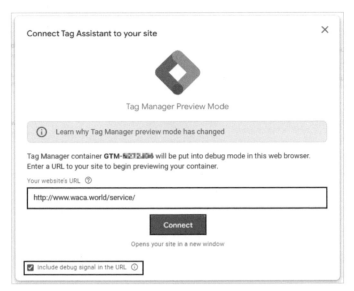

圖 6-1-7　Tag Assistant 的連線畫面

4. 成功連線後，點選 Tag Assistant 左側選單裡的「Consent Initialization」，再於右側畫面中點選以切換至「Variables」分頁，即可查看各個變數名稱與其值。

圖 6-1-8　Tag Assistant 的「Variables」分頁畫面

由於連線至 Tag Assistant 時，有啟用「debug signal」，故在所連線頁面的 URL 末尾處會如下附加 GTM 的偵錯用參數。

■頁面 URL（末尾的數字會隨著每次連線而改變）

http://www.waca.world/service/?gtm_debug=1684479365335

因此只要確認「頁面路徑與參數」的值如下，就表示變數設定成功，已可發布。

■頁面路徑與參數

/service/?gtm_debug=1684479365335

取得頁面標題

以 Google Analytics（以下簡稱 GA）進行網頁分析時，經常會用到頁面 URL 或頁面標題。而在 GTM 中，雖說可用「Page URL」及「Page Path」等變數來取得頁面的 URL，但卻沒有能夠取得「頁面標題」的變數存在。

不同於「Page Path」和「Page URL」，一般幾乎不會將「頁面標題」用於觸發的條件判斷，不過有時對於設定舊版通用 Analytics（以下簡稱 UA）的事件標籤及動作、虛擬頁面的標題等倒是相當有幫助。「頁面標題」只要經過簡單的設定就能取得，接著就讓我們來嘗試建立可取得「頁面標題」的變數。

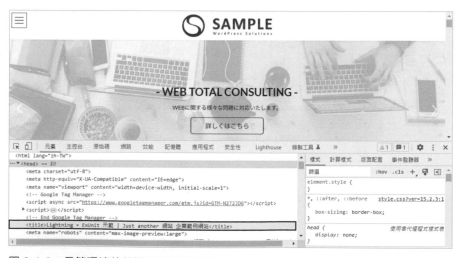

圖 6-1-9　示範環境的首頁的標題原始碼

1. 點選 GTM 左側選單中的「變數」，按下「使用者定義的變數」區中的「新增」鈕後，點按「變數設定」區，以建立並設定如下的新變數。

其中「JavaScript 變數」這種變數類型，是一種存放了 JavaScript 的全域變數之值的變數。在此我們將 JavaScript 的「document.title」屬性輸入至「全域變數名稱」欄位，藉此取得頁面標題。

■頁面標題

變數類型：JavaScript 變數

全域變數名稱：document.title

圖 6-1-10　建立 JavaScript 變數類型的變數

2. 為了確認所建立的變數能否正常取得值,請開啟 GTM 的預覽模式。

從 Tag Assistant 左側的 Summary 欄點選「Consent Initialization」,再於右側畫面中點選以切換至「Variables」分頁。這樣便會列出各個變數與存放在其中的值,請查看以確認「頁面標題」變數的值。

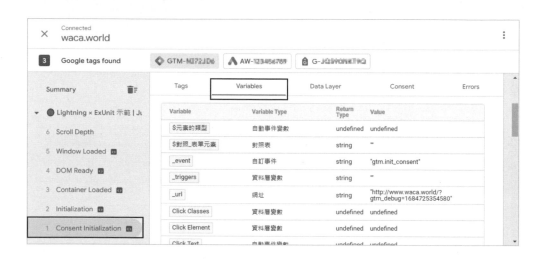

圖 6-1-11 Tag Assistant 的「Variables」分頁畫面

確認其值正確,就表示變數設定成功,已可發布。

取得影像的 Alt 文字

若是想在使用者點按設有連結的影像或不具連結的一般影像時觸發代碼,通常都是設定「所有元素」或「僅連結」等點擊類的觸發條件。

由於設置影像時使用的「<img>」HTML 標籤中有時會設定 ID 或 Class,因此在設定觸發條件時有時會利用 ID 或 Class,或是在 GA 的事件測量中將 ID 或 Class 用於事件名稱及標籤名稱等。

然而畢竟不是所有的影像都設有 ID 或 Class,故做為一種替代方案,有時就會利用名為「alt」的屬性的值來指定特定影像或元素。「alt」是指「影像的替代文字」,用於供視障人士使用文字轉語音功能,或是在影像因某些理由無法顯示時,做為替代用的文字來顯示。雖說「alt」的文字也和 ID 或 Class 一樣,不一定存在,但仍足以做為一種指定特定影像時的理想備案。接著就讓我們來嘗試建立一個變數,以取得使用者所點按影像的「alt」文字。

圖 6-1-12　示範環境中 Logo 影像的 Alt 文字

1. 點選 GTM 左側選單中的「變數」,再按「內建變數」區右上角的「設定」鈕。

這時會列出內建變數清單，請確認「點擊」分類下已有至少一個「Click ●●」變數被勾選。若該分類下無任何變數被勾選，下一步驟設定的變數就無法運作，故請務必至少勾選該分類下的任一個變數。

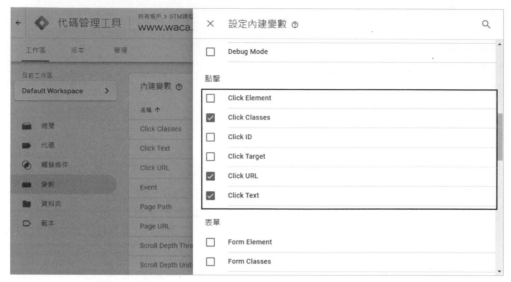

圖 6-1-13　點擊類的內建變數

2. 點選 GTM 左側選單中的「變數」，按下「使用者定義的變數」區中的「新增」鈕後，點按「變數設定」區，以建立並設定如下的新變數。

自動事件變數是一種會在某些事件（網頁瀏覽、點擊、計時器等）發生時取得指定元素之值的變數。在此我們只要能取得使用者所點按影像的 Alt 文字即可，所以就在「點擊事件」發生時，利用自動事件變數來自動取得 Alt 文字。

■ ALT 文字

變數類型：自動事件變數

變數類型：元素屬性

屬性名稱：alt

圖 6-1-14　建立自動事件變數類型的變數

3. 執行 GTM 的預覽模式，開啟示範環境的首頁。Logo 影像就位於主要選單的左側，請點按一下該影像。

圖 6-1-15　點按有設定 alt 的 Logo 影像

4. 從 Tag Assistant 左側的 Summary 欄點選前一個頁面最後的「Click」記錄，然後於右側畫面中點選以切換至「Variables」分頁，確認「ALT 文字」之值為「Lightning × ExUnit 示範」。

圖 6-1-16　Tag Assistant 的「Variables」分頁畫面

確認其值正確，就表示變數設定成功，已可發布。

取得所點按之連結的路徑

GTM 內建的「Click URL」變數已可取得使用者所點按之連結的完整 URL。可是在舊版的通用 Analytics 中將完整的 URL 做為事件傳送，會讓分析畫面不易檢視。因此接下來，我們就要嘗試建立一個只會取得所點按連結的路徑的變數。

1. 點選 GTM 左側選單中的「變數」，再按「內建變數」區右上角的「設定」鈕，確認「點擊」分類下的「Click Element」已被勾選。

若尚未勾選，請務必勾選「Click Element」後再繼續進行設定。

圖 6-1-17　啟用「Click Element」內建變數

點選 GTM 左側選單中的「變數」，按下「使用者定義的變數」區中的「新增」鈕後，點按「變數設定」區，以建立並設定如下的新變數。剛剛勾選的「Click Element」不僅會取得 URL，還會取得包括 \<div\> 及 \<a\> 等 HTML 標籤的元素，故我們要用「.pathname」從中擷取出路徑。

■ 連結點擊路徑

變數類型：自訂 JavaScript

自訂 JavaScript：※ 輸入如下的程式碼

```
function() {

    var linkClickPath = {{Click Element}}.pathname;

    return linkClickPath;

}
```

圖 6-1-18　取得所點按連結的路徑的變數

2. 執行 GTM 的預覽模式，開啟示範環境的首頁。從主要選單中點選「サービス案内（服務介紹）」下的「よくあるご質問（常見問題）」。

圖 6-1-19　點選「よくあるご質問（常見問題）」

3. 從 Tag Assistant 左側的 Summary 欄點選剛剛點按「よくあるご質問（常見問題）」選項時的頁面中的「Link Click」。然後於右側畫面中點選以切換至「Variables」分頁，在變數清單中確認「連結點擊路徑」之值為「/service/faq/」。

圖 6-1-20　Tag Assistant 的「Variables」分頁畫面

確認其值正確，就表示變數設定成功，已可發布。

依據螢幕尺寸取得裝置類別

除了電腦外，也有人會用平板或智慧型手機等各式各樣的裝置（機器）來瀏覽網站，因此一般都會依據裝置來變更顯示內容或版面配置。針對裝置進行切換的方法有好幾種，目前是以依據畫面的顯示寬度來切換顯示的回應式設計為主流。例如，當畫面寬度在 900px 以上時，就切換為針對桌面型電腦設計的版面，畫面寬度不到900px 時，切換為平板的版面，不到 500px 時，則切換為手機的版面等。

在此我們便要建立能依據畫面的顯示寬度（px 值），分別輸出「desktop」、「mobile」、「tablet」字串的變數。但使用者以桌面型電腦瀏覽網站時如果縮小了瀏覽器的寬度，本例的變數並不會依據該寬度即時輸出「tablet」或「mobile」，此變數只會在事件（網頁瀏覽、點擊、計時器等）發生時更新其值。此外，此變數只是依據螢幕尺寸來進行分類並輸出，即使變數值為「mobile」時，也無法保證使用者

一定是用手機瀏覽。在桌面型電腦上以較小的瀏覽器寬度瀏覽時若發生事件，就可能被分類為「tablet」或「mobile」，這點請務必注意。

1. 在瀏覽器中開啟示範環境的首頁後，於頁面任意處按滑鼠右鍵，選擇「檢查」。

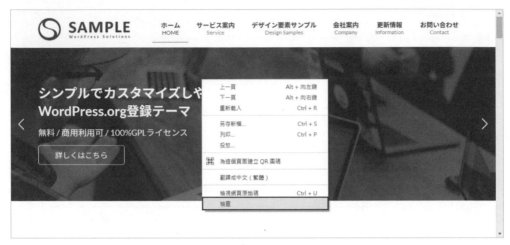

圖 6-1-21　在首頁中按滑鼠右鍵，選擇「檢查」

2. 點選檢查畫面左上角的「手機與平板圖示」。

圖 6-1-22　切換裝置工具列

3. 將畫面上端顯示著「尺寸：●●」字樣的選單選為「回應式」。

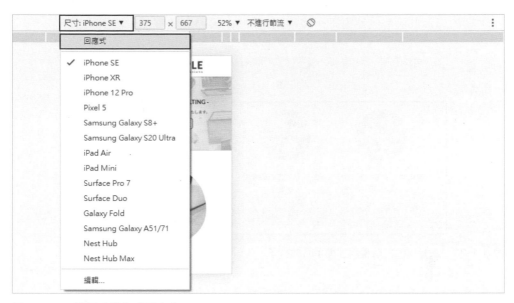

圖 6-1-23　將尺寸選為「回應式」

4. 接著在右側的兩個數值欄位中，將左側欄位輸入為「991」（可直接輸入數字，或按點欄位右邊的上下箭頭圖示來變更數值）。

當該數值降至「991」以下時，主要選單就會切換成漢堡選單。這就是「desktop」和「tablet」的分界，故請將「991」這個數字記下來。

圖 6-1-24　顯示方式從 desktop 切換至 tablet

5. 現在將頁面往下捲動至顯示著「実績豊富な当社におまかせください！（請交給實績豐碩的我們！）」標題的區域。目前該處有 3 個圓形影像呈現水平並列的樣子。請於顯示此區域的狀態下，將剛剛輸入為「991」的欄位值改為「575」。

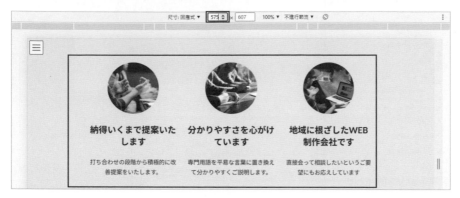

圖 6-1-25　以 tablet 的螢幕尺寸顯示時的樣子

6. 當輸入值降至「575」以下時，原本呈水平並列的影像就會切換成垂直排列。這就是「tablet」和「mobile」的分界，故請將「575」這個數字記下來。

圖 6-1-26　以 mobile 的螢幕尺寸顯示時的樣子

7. 點選檢查畫面左上角的「手機與平板圖示」，回到一般桌面型電腦的顯示狀態。

圖 6-1-27　切換裝置工具列

8. 點選 GTM 左側選單中的「變數」，按下「使用者定義的變數」區中的「新增」鈕後，點按「變數設定」區，以建立並設定如下的新變數。

下面程式碼中的「window.innerWidth」，是指瀏覽器目前所顯示之畫面的寬度值。這個值在「575 以下」的時候要輸出「mobile」字串，在「991 以下」的時候要輸出「tablet」字串，除此之外都輸出「desktop」字串。

■判定螢幕類型

變數類型：自訂 JavaScript

自訂 JavaScript：※ 輸入如下的程式碼

```
function () {

    var screenWidth = window.innerWidth;
    var screenType;

    if (screenWidth <= 575) {
        screenType = "mobile";
    } else if (screenWidth <= 991) {
        screenType = "tablet";
    } else {
        screenType = "desktop";
    }

    return screenType;

}
```

圖 6-1-28　用來判定螢幕類型的變數

9. 執行 GTM 的預覽模式，開啟示範環境的首頁後，從 Tag Assistant 左側的 Summary 欄點選「Consent Initialization」。接著於右側畫面中點選以切換至「Variables」分頁，在變數清單中確認「判定螢幕類型」之值為「desktop」。

圖 6-1-29　Tag Assistant 的「Variables」分頁畫面

10. 參考步驟 1 ～ 6，分別將螢幕尺寸變更為「991」及「575」，並點按頁面中的連結切換至其他頁面後，從 Tag Assistant 左側的 Summary 欄點選代表點擊連結的「Link Click」。確認「判定螢幕類型」變數的值有依據你所輸入的螢幕尺寸，分別變更為「tablet」及「mobile」。

圖 6-1-30　螢幕尺寸為「991」時

圖 6-1-31　螢幕尺寸為「575」時

確認其值正確，就表示變數設定成功，已可發布。

測量各式各樣的檔案點擊

以舊版的通用 Analytics 測量 PDF 及 Word、Excel 等檔案的點擊數時，無法只靠通用 Analytics 設定，必須在網站的原始碼中寫入處理，或是在 GTM 中做設定才行。

若是採取在原始碼中寫入處理的做法，就必須逐一對每個要測量點擊數的影像及檔案添加程式碼，這對於經常增加 PDF 檔的網站，或已有大量 PDF 檔存在的網站來說，相當耗時費工。更何況在編輯原始碼時，還很可能在複製貼上的過程中發生錯誤，或是因由多人進行作業而增加管理的複雜性等，所以應該要盡量避免採取這種做法。

```
<a href="/file/paper.pdf" onclick="gtag('event', 'download', {'event_category': 'pdf', 'event_label': 'paper.pdf'})">下載資料</a>
```

必須逐一為每個檔案添加程式碼

圖 6-2-1　以在原始碼中寫入處理的方式測量 PDF 檔案的點擊數

不同於在原始碼中處理的做法，在 GTM 中做設定的方式則能以少量處理，大幅降低測量檔案點擊數所需花費的時間與精力。而且即使未來站內的檔案繼續增加，基本上也不需再做額外處理。

以 GA4 來說，檔案點擊屬於標準的測量功能之一。雖然不是所有類型的檔案都能測量，但要測量如 PDF 及影片檔（mp4 或 mov）、Word 和 Excel 等絕大多數的常用檔案是不成問題的。

接著就讓我們以 GA4 可測量的檔案類型為基準，以設定 GTM 的方式來測量檔案點擊數。

GTM 的變數設定

建立變數以取得所點按的檔案的名稱

點選 GTM 左側選單中的「變數」，按下「使用者定義的變數」區中的「新增」鈕後，點按「變數設定」區，以建立並設定如下的新變數。

■**所點擊的檔名**

變數類型：自訂 JavaScript

自訂 JavaScript：※ 輸入如下的程式碼

```
function() {

    var filePath = {{連結點擊路徑}}.split("/");
    var fileName = filePath.pop();
    var decodedFilename = decodeURI(fileName);

    if (decodedFilename.indexOf(".") > -1) {
        return decodedFilename;
    } else {
        return "";
    }

}
```

以下簡單說明一下程式碼的內容。

■ **var filePath = {{ 連結點擊路徑 }}.pathname.split("/");**

在此利用了「6-1 建立自訂變數」中所建立的「連結點擊路徑」變數。假設「連結點擊路徑」變數的值為「/wp-content/uploads/2023/05/test.pdf」的話，則用「/（斜線）」分割字串後以陣列格式存入「filePath」，這時該陣列中便存有「""（※第一個「/」之前沒有任何字元，故為空值）, "wp-content", "uploads", "2023", "05", "test.pdf"」這樣的 6 個字串。

■ **var fileName = filePath.pop();**

將存在「filePath」中的陣列的最後一個元素（亦即字串「test.pdf」）存入「fileName」。

■ var decodedFilename = decodeURI(fileName);

存在「fileName」中的檔名若為日文、中文等雙位元組的字元，有可能會出現亂碼，故為了讓這類雙位元組字元的檔案名稱也能正常顯示，所以將文字編碼（轉換）後存入「decodedFilename」中。本例的「fileName」中儲存的是「test.pdf」，本來就是半形的英數字元，故會將「test.pdf」原原本本地存入至「deocdedFilename」。另外補充一下，將檔案名稱為雙位元組字元的檔案上傳至WordPress 的網站時，WordPress 會自動將檔名改成半形的英數字元，故此編碼處理並無作用。不過說到底，就網站的日常營運而言，本來就該把上傳至網站的檔案都命名為半形的英數字元才是最保險的方式。還有，依據 Google 對網址結構的建議 [※1]，當檔案名稱是像「sample-doc.pdf」這樣由 2 個以上的單字構成時，建議使用「-（連字號）」來連接單字，而不要使用「_（底線）」。

■ if … return "";

這部分的處理是在「decodedFilename」中的字串值含有「.（點）」的時候，傳回「decodedFilename」的值，否則傳回空值。本例的值為「test.pdf」，含有「.（點）」，故會直接傳回此值。

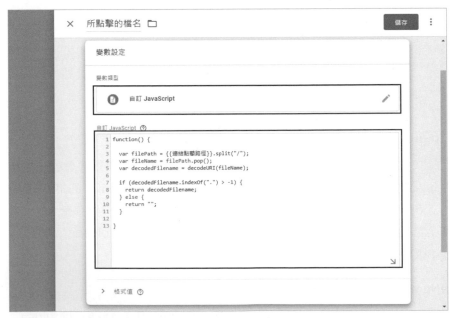

圖 6-2-2　建立變數以取得所點按的檔案的名稱

※1 https://developers.google.com/search/docs/advanced/guidelines/url-structure?hl=zh-tw

GTM 的觸發條件設定

檔案點擊觸發條件

點選 GTM 左側選單中的「觸發條件」，按下「觸發條件」區中的「新增」鈕以新增如下的觸發條件。為了讓點按時會有反應的檔案類型符合 GA4 的設定標準，在此用規則運算式設定當以「. ●●（指定的副檔名）結尾的 URL」被點按時，就啟動觸發條件。

■檔案點擊觸發條件

觸發條件類型：點擊 - 僅連結

這項觸發條件的啟動時機：部分的連結點擊

條件（左）：Click URL

條件（中）：與規則運算式相符

條件（右）：

\.(pdf|xlsx?|docx?|txt|rtf|csv|exe|key|pp(s|t|tx)|7z|pkg|rar|gz|zip|avi|mov|mp4|mpe?g|wmv|midi?|mp3|wav|wma)$

圖 6-2-3　檔案點擊觸發條件

GTM 的代碼設定

測量檔案的點擊數

點選 GTM 左側選單中的「代碼」，按下「代碼」區中的「新增」鈕以新增如下的代碼。若想簡化設定，也可以不建立「所點擊的檔名」變數，直接在「事件參數」的「值」欄位中輸入「{{ ClickURL}}」也能進行測量。

但如此一來，該參數就會像這樣「http://www.waca.world/wp-content/uploads/2023/05/test.pdf」，不僅有檔名，還包含完整的 URL。完整的 URL 有許多多餘的文字，會讓分析畫面不易檢視，所以本例才利用「所點擊的檔名」變數來設定只含「test.pdf」的參數值。

■測量檔案的點擊數
設定代碼：導入 Google Analytics（GA4）
事件名稱：file_click
事件參數
參數名稱：file_name
值：{{ 所點擊的檔名 }}
觸發條件：檔案點擊觸發條件

圖 6-2-4　測量檔案的點擊數（GA4）

使用預覽模式檢查運作狀況

1. 在 LOCAL 中點按「ADMIN」鈕，登入 WordPress。

圖 6-2-5　從 LOCAL 開啟 WordPress 的登入頁面

2. 在 WordPress 的管理畫面中，於左側選單點選「媒體 > 新增檔案」。

圖 6-2-6　點選「媒體 > 新增檔案」

3. 點按「選取檔案」鈕，上傳任意檔案（PDF 或 Word、Excel 等檔案）。本例上傳的是名為「test.pdf」的 PDF 檔。

圖 6-2-7　選擇以上傳檔案

4. 在上傳完成後的畫面中，點選剛剛上傳的檔案。

圖 6-2-8　點選剛剛上傳的檔案

5. 這時會顯示出「附件詳細資料」畫面，請點按畫面右側的「複製網址至剪貼簿」鈕，這樣就能將剛剛上傳的 PDF 檔的 URL 複製起來了。

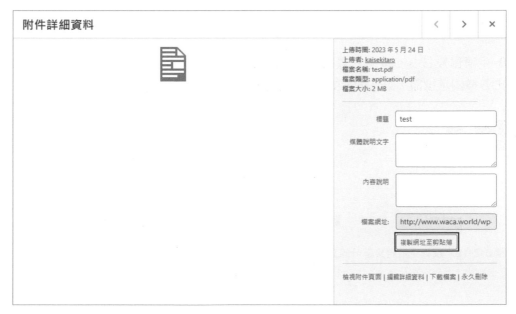

圖 6-2-9　「附件詳細資料」畫面

6. 回到 WordPress 的管理畫面，在左側選單點選「文章 > 新增文章」。

圖 6-2-10　點選「文章 > 新增文章」

7. 將新文章的標題輸入為「PDF-test」，內文部分則輸入「下載 PDF」。

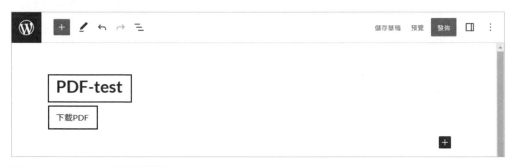

圖 6-2-11　輸入文章的標題與內文

8. 用滑鼠點按拖曳以反白選取內文部分的「下載 PDF」這幾個字，上方就會顯示出各種圖示按鈕，請點按其中的「連結」圖示。

圖 6-2-12　反白選取內文部分的文字

9. 在顯示出的輸入欄位中，貼入步驟 5 複製的 PDF 檔 URL。貼入後，該欄位下方便會出現有著地球儀圖示的方框，請點按該方框。

這樣就完成了 PDF 檔的文字連結設定，接著點按右上角的「發佈」鈕，將此文章公開發佈。

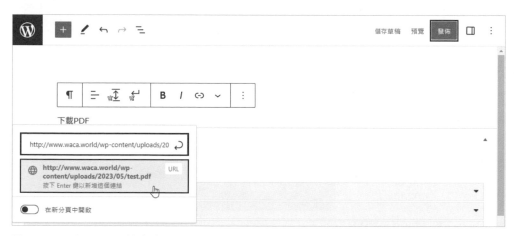

圖 6-2-13　插入 PDF 檔案連結

10. 執行 GTM 的預覽模式，連至「更新情報（更新資訊）」頁面。在最新文章清單中會顯示出剛剛發佈的「PDF-test」文章，請點按「Read more」鈕。

圖 6-2-14　「更新情報（更新資訊）」頁面

11. 點按該文章內文中的「下載 PDF」字樣。

圖 6-2-15　點按 PDF 檔案連結

12. 從 Tag Assistant 左 側 的 Summary 欄 點 選「PDF-test」 頁 面 內 的「Link Click」，確認右側畫面中的「Tags Fired」下有列出「測量檔案的點擊數」代碼，並點選該代碼。

圖 6-2-16　確認「測量檔案的點擊數」代碼有被觸發

13. 於畫面右上角將「Display Variables as」選為「Values」，確認所列出的各項目內容如下，就表示變數設定成功，已可發布。

■測量檔案的點擊數

事件名稱："file_click"

事件參數

參數名稱："file_name" 參數值："test.pdf"

圖 6-2-17　確認事件所傳送的內容

測量虛擬頁面瀏覽量

在部分網站的聯絡表單填寫程序，或是電子商務網站的購物流程中，可能會有頁面雖然切換了，但 URL 卻並未改變的狀況。

例如在本書示範環境的「お問い合わせ（聯絡我們）（/contact/）」頁面中，即使使用者填好了姓名與電子郵件地址等資訊後點按「傳送」鈕，頁面路徑依舊停留在「/contact/」，並不會切換至「/contact/thanks/」之類的傳送完成頁面。

在 GA 的測量中，若是想將傳送聯絡表單當成轉換（達成目標），通常都是指定目標頁面路徑（感謝頁面等）或事件（點擊等），設定成於指定的條件達成時計入為轉換。然而一旦遇到如前述那樣 URL 維持不變的情況，由於根本不存在感謝頁面，於是就會發生無法測量轉換的問題。

故做為解決此問題的方法之一，在此便要為各位介紹所謂的「虛擬頁面瀏覽」功能。

這樣的虛擬頁面瀏覽，主要用於使用者點按 PDF 檔等檔案連結或按鈕時，不測量點擊事件，而是做為頁面計算的情況。

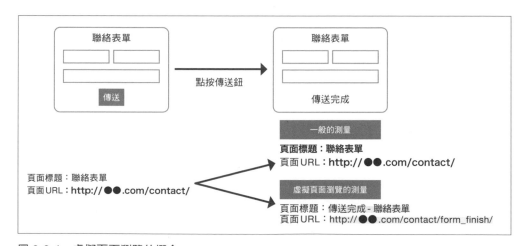

圖 6-3-1 　虛擬頁面瀏覽的概念

本書示範環境的聯絡表單已經安裝了用來建構聯絡表單的外掛程式「Contact Form 7」。「Contact Form 7」是 WordPress 的網站之中，全球各地利用率都很高的熱門外掛程式，但由於表單傳送完成後 URL 並不會改變，所以要用 GA 測量轉換時，必須做一些額外的設定才行。本例是非常理想的 GTM 訓練，請務必挑戰看看。

處理流程

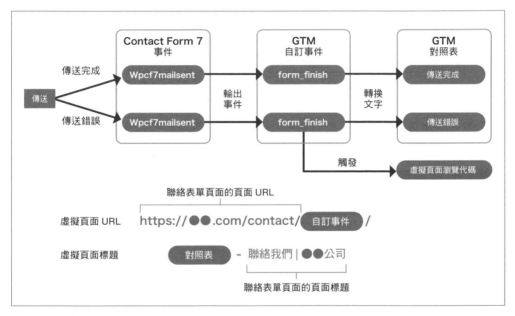

圖 6-3-2　處理流程

本例的處理多而複雜，因此一開始要先說明一下大致的處理流程。

「Contact Form 7」會在使用者按下傳送鈕後輸出事件，傳送完成的話輸出「wpcf7mailsent」，傳送錯誤的話輸出「wpcf7invalid」。

但此事件無法直接在 GTM 中使用，故要如下以自訂 HTML 代碼另外輸出 GTM 可用的事件。

● 傳送成功時：「wpcf7mailsent」→自訂 HTML →「form_finish」
● 傳送錯誤時：「wpcf7invalid」→自訂 HTML →「form_error」

而為了接收自訂 HTML 輸出的事件並當成觸發條件使用，我們必須建立自訂事件的觸發條件。

一旦自訂事件的觸發條件啟動，測量虛擬頁面瀏覽的代碼就會被觸發。虛擬頁面瀏覽是以模擬的方式建立實際上並不存在的頁面，因此需要加入一些必要資訊，以 GA4 來說，需要加入的是事件參數的「page_title（頁面標題）」與「page_location（頁面 URL）」。

首先是頁面標題的部分，本書示範環境的聯絡表單頁面標題為「お問い合わせ | Lightning × ExUnit 示範」，所以虛擬頁面瀏覽的標題就是分別在其之前加上「傳送完成 -」及「傳送錯誤 -」。

● 傳送成功時：「傳送完成 - お問い合わせ | Lightning × ExUnit 示範」
● 傳送失敗時：「傳送錯誤 - お問い合わせ | Lightning × ExUnit 示範」

為了要自動輸出這些新增的部分，我們將利用對照表變數，依據自訂事件的種類來變更輸出內容。

● 「form_finish」→「傳送完成」
● 「form_error」→「傳送錯誤」

接著是「page_location（頁面 URL）」的部分，和剛剛的頁面標題一樣，聯絡表單頁面的 URL 為「http://www.waca.world/contact/」，我們要在其末尾分別直接加上自訂事件的名稱「form_finish」及「form_error」。

● 傳送成功時：「http://www.waca.world/contact/form_finish/」
● 傳送失敗時：「http://www.waca.world/contact/form_error/」

就如本書的示範環境中有兩個表單，分別位於「お問い合わせ（聯絡我們）」和「採用情報（徵才資訊）」頁面，很多網站也往往都會設置像是索取資料用的表單和意見調查表等多個表單。在這種情況下，雖然分別針對各個表單建立觸發條件及代碼也是可行的做法，但每次增加表單就必須隨之增加觸發條件和代碼，不僅費時費工，管理起來也會很複雜。

而本例的做法只是在表單頁面的標題前面加上「傳送完成、傳送錯誤」，以及在頁面 URL 的末尾處加上「form_finish、form_error」，因此即使表單的種類增加到 100 個，基本上也不必建立新的代碼和觸發條件（但同一頁面有多個表單時，就必須取得表單的 ID 或 Class 以辨別各個表單）。

實際的設定手續有些複雜，不過若能學會這樣的設定，你的 GTM 應用範圍就會大幅擴大，故請務必挑戰看看。

GTM 的變數設定

ContactForm7 的對照表變數

點選 GTM 左側選單中的「變數」，按下「使用者定義的變數」區中的「新增」鈕後，點按「變數設定」區，以建立並設定如下的新變數。亦即在事件為「form_finish」時，輸出「傳送完成」；在事件為「form_error」時，輸出「傳送錯誤」。

■對照表 _ContactForm7
變數類型：對照表（在「公用程式」分類下）
輸入變數：{{Event}}
對照表：

> 第 1 列：（輸入）form_finish/（輸出）傳送完成
> 第 2 列：（輸入）form_error/（輸出）傳送錯誤

圖 6-3-3　ContactForm7 的對照表變數

GTM 的觸發條件設定

ContactForm7 的事件觸發條件

點選 GTM 左側選單中的「觸發條件」，按下「觸發條件」區中的「新增」鈕以新增如下的觸發條件。為了讓「form_finish」和「form_error」都能啟動觸發條件，在此以規則運算式的「開頭是」（＾）來指定所有以「form_」起頭的事件。

■ ContactForm7 的事件觸發條件
觸發條件類型：自訂事件
事件名稱：^form_
使用規則運算式比對：勾選
這項觸發條件的啟動時機：所有的自訂事件

圖 6-3-4　ContactForm7 的事件觸發條件

GTM 的代碼設定

ContactForm7 的事件的代碼設定

點選 GTM 左側選單中的「代碼」，按下「代碼」區中的「新增」鈕以新增如下的代碼。亦即設定成當「Contact Form 7」輸出的事件是「wpcf7mailsent（傳送完成）」時，就以資料層的形式輸出「form_finish」，為「wpcf7invalid（傳送錯誤）」時，則輸出「form_error」。

■ ContactForm7 的事件

代碼類型：自訂 HTML

HTML：

```
<script>
    document.addEventListener( 'wpcf7mailsent', function( event ) {
        dataLayer.push({
            'event' :'form_finish'
        });
    }, false );
    document.addEventListener( 'wpcf7invalid', function( event ) {
        dataLayer.push({
            'event' :    'form_error'
        });
    }, false );
</script>
```

圖 6-3-5　ContactForm7 的事件的自訂 HTML 代碼

測量 ContactForm7 虛擬頁面瀏覽的代碼設定（GA4）

點選 GTM 左側選單中的「代碼」，按下「代碼」區中的「新增」鈕以新增如下的代碼。在 GA4 中欲建立虛擬頁面瀏覽時，必須傳送「page_view」事件的參數「page_location（頁面 URL）」和「page_title（頁面標題）」。此外，關於「頁面標題」變數的建立方法，請參考「6-1 建立自訂變數」的說明。

■測量 ContactForm7 虛擬頁面瀏覽（GA4）

代碼類型：Google Analytics（分析）：GA4 事件

設定代碼：導入 Google Analytics（GA4）

※ 請參考 Chapter 5 的「導入 Google Analytics ～ GA4 篇～」部分

事件名稱：page_view

事件參數：

（參數名稱）page_location/（值）{{Page URL}}{{Event}}/

（參數名稱）page_title/（值）{{ 對照表 _ContactForm7}} - {{ 頁面標題 }}

※ 請參考 Chapter 6 的「取得頁面標題」部分

觸發條件：ContactForm7 的事件觸發條件

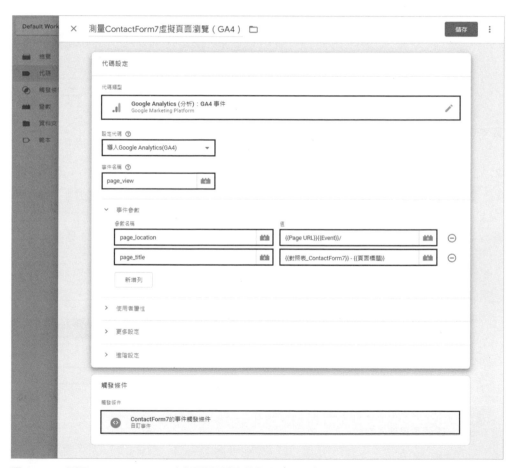

圖 6-3-6　測量 ContactForm7 虛擬頁面瀏覽的代碼（GA4）

使用預覽模式檢查運作狀況

1. 執行 GTM 的預覽模式，連至「お問い合わせ（聯絡我們）」（/contact/）頁面。首先確認傳送錯誤時的狀況，請在未輸入任何資料的狀態下點按「送信」（傳送）鈕。這時該按鈕下方應會顯示出「入力内容に不備があります。確認してもう一度送信してください。（所輸入的內容有問題，請檢查後再次傳送。）」的訊息。

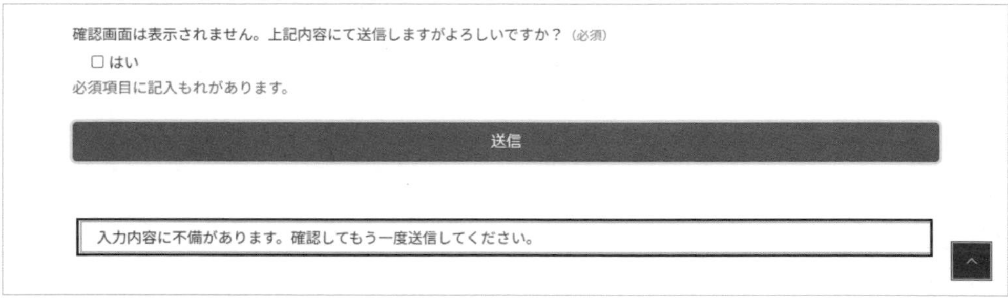

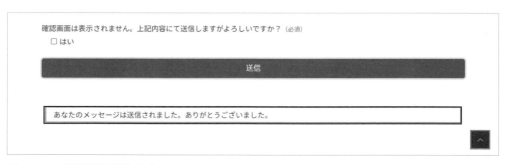

圖 6-3-7　確認表單傳送錯誤

2. 繼續在同一表單中，完整填寫好所有必要欄位後，再次點按「送信」（傳送）鈕（在本書的示範環境中並不會真的傳送電子郵件）。這時該按鈕下方應會顯示出「あなたのメッセージは送信されました。ありがとうございました。（您的訊息已送出，感謝您。）」的訊息。這樣就完成了表單的傳送錯誤與傳送完成這兩種動作。

圖 6-3-8　確認表單傳送完成

3. 從 Tag Assistant 左側的 Summary 欄點選「お問い合わせ（聯絡我們）」頁面內的「form_error」，確認右側畫面中的「Tags Fired」下有列出「測量 ContactForm7 虛擬頁面瀏覽（GA4）」代碼，並點選該代碼。

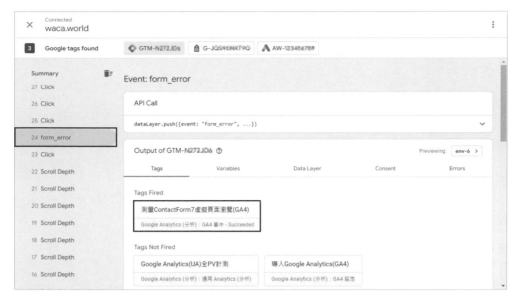

圖 6-3-9　Tag Assistant 的代碼清單畫面（form_error）

4. 將畫面右上角的「Display Variables as」選為「Values」，確認該代碼已取得並顯示出如下的資料。

■**測量 ContactForm7 虛擬頁面瀏覽（GA4）**

事件名稱：``"page_view"``

事件參數：

```
name: "page_location"
value: "http://www.waca.world/contact/form_error/"
name: "page_title"
value: "傳送錯誤 - お問い合わせ | Lightning × ExUnit 示範"
```

圖 6-3-10　Tag Assistant 的代碼畫面（GA4）

5. 從 Tag Assistant 左側的 Summary 欄點選「お問い合わせ（聯絡我們）」頁面內的「form_finish」，確認右側畫面中的「Tags Fired」下有列出「測量 ContactForm7 虛擬頁面瀏覽（GA4）」代碼，並點選該代碼。

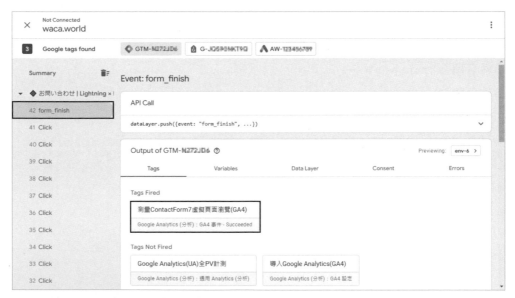

圖 6-3-11　Tag Assistant 的代碼清單畫面（form_finish）

6. 將畫面右上角的「Display Variables as」選為「Values」，確認該代碼已取得並顯示出如下的資料。

■測量 ContactForm7 虛擬頁面瀏覽（GA4）

事件名稱："page_view"

事件參數：

name: "page_location"

value: "http://www.waca.world/contact/form_finish/"

name: "page_title"

value: " 傳送完成 - お問い合わせ | Lightning × ExUnit 示範."

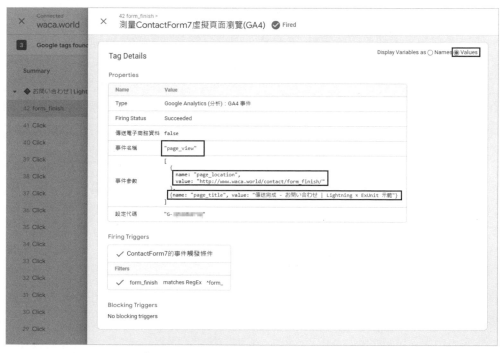

圖 6-3-12　Tag Assistant 的代碼畫面（GA4）

本例只檢驗了「お問い合わせ（聯絡我們）」頁面的表單，不過「採用情報（徵才資訊）」頁面中也有表單，有興趣的讀者們可以自己檢驗該表單試試。

確認其值正確，就表示一切設定成功，已可發布。

測量詳讀的頁面瀏覽

有一些指標可用來瞭解網頁被使用者詳細閱讀的程度,較具代表性的包括了「網頁停留時間」和「捲動率」等。但請考慮一下下面這些情況。

● 使用者從頁面的最上端往下捲動至底端,但就只是快速地捲過去,停留時間只有短短數秒
● 使用者在網頁上的停留時間有 15 分鐘,但只是開著網頁並未捲動,其實是去做了別的事

在上述這些情況下,或許網頁停留時間和捲動率的數值看起來都很漂亮,但這不見得就代表使用者「充分閱讀了內容」。因此,雖說「充分閱讀」並無絕對正確的定義,不過若是以「有捲動且停留時間長」為定義的話,請思考下面這些情況。

● 雖然部落格文章本身只有 100 字左右,但頁面內有相當多如相關文章介紹及橫幅等與內文無關的元素,因而導致頁面很長,使用者根本不會捲動到最底端
● 假設將充分閱讀的網頁停留時間設定為 3 分鐘,但其實閱讀 100 字的文章並不需要 3 分鐘,於是就會被判定成未充分閱讀

就像這樣,即使結合兩個條件,也很難符合預期。所以讓我們再稍微修改一下定義,變成如下這樣。

● 條件 1
已盡可能除去多餘元素後的網頁主要內容(以部落格文章來說,就是部落格的內文部分)100% 顯示於畫面

● 條件 2
計算主要內容的字數,依據文字的份量來對各個頁面設定規定的停留時間,而使用者的網頁停留時間超出了規定的停留時間

當同時符合這兩個條件時，就算「充分閱讀」。在本節中，我們就要為各位介紹如何於符合這些條件時，將之計入以測量「詳讀的頁面瀏覽數」。

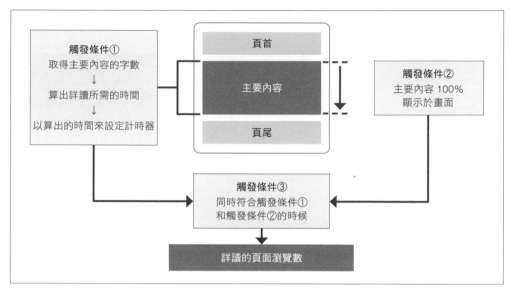

圖 6-4-1　詳讀的頁面瀏覽數的概念

確認做為詳讀之目標對象的內容

1. 從本書示範環境的「更新情報（更新資訊）」中連往「新商品を発表します（新商品發表）（/new-products-info-20180201/）」頁面。

圖 6-4-2　示範環境的已發佈文章

2. 反白選取內文中的第一行「いつも弊社の…」，然後在反白選取的文字上按滑鼠右鍵，選擇「檢查（※ 以 Google Chrome 瀏覽器為例）」。

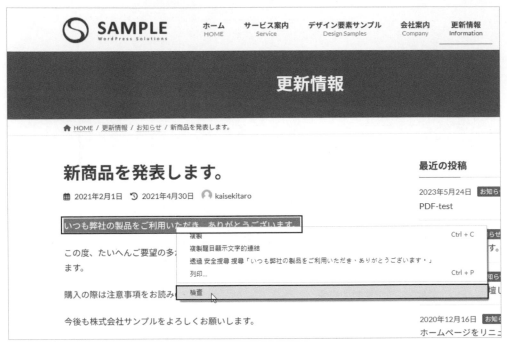

圖 6-4-3　使用 Google Chrome 的「檢查」功能

3. 檢查畫面預設會顯示在瀏覽器下端。剛剛反白選取的內文第一行在原始碼中也會被反白選取，請點選位於該行之上的「<div class="entry-body">」標籤。

圖 6-4-4　文章開頭部分的原始碼

4. 點選「<div class="entry-body">」並將滑鼠指標移至其上，頁面的整個內容部分就會被反白選取。

本例要測量的是「網頁的內容主體被詳讀的程度」，故希望盡可能排除選單及頁尾等部分。而「entry-body」內還包含作者簡介及社群網站按鈕等元素，理想上也該排除在外，不過本例為求方便解說，就直接以此範圍來進行測量。現在請將「entry-body」這個 Class 名稱記下來，以便稍後使用。

圖 6-4-5　顯示出 entry-body 的範圍

設定自訂指標

設定 GA4 的自訂指標

1. 於 GA4 的左側選單點選「管理」後，點按「資源」欄中的「自訂定義」，再點選以切換至「自訂指標」分頁。待畫面切換後，點按其中的「建立自訂指標」鈕。

圖 6-4-6　GA4 的管理畫面

2. 於「新增自訂指標」畫面中輸入如下的設定，然後按「儲存」鈕。

指標名稱：詳讀的頁面瀏覽數

範圍：事件

說明：已詳讀（內容 100%& 規定的停留時間）的頁面瀏覽數

事件參數：intensive_page_view_value

測量單位：標準

圖 6-4-7　設定自訂指標

GTM 的變數設定

詳讀用計時器

點選 GTM 左側選單中的「變數」，按下「使用者定義的變數」區中的「新增」鈕後，點按「變數設定」區，以建立並設定如下的新變數。此變數會依據剛剛在 Google Chrome 檢查畫面中記下的 Class 名稱為「entry-body」部分的字數，計算出「可視為已詳讀的頁面停留時間」。

■詳讀用計時器

變數類型：自訂 JavaScript

自訂 JavaScript：※ 輸入如下的程式碼

```javascript
function() {

    var className = "entry-body";
    var readTime = 1200 / 60000;
    var mainText = document.getElementsByClassName(className)[0].textContent;
    var countText = mainText.length;
    var intensiveTime = countText / readTime;

    return(intensiveTime);

}
```

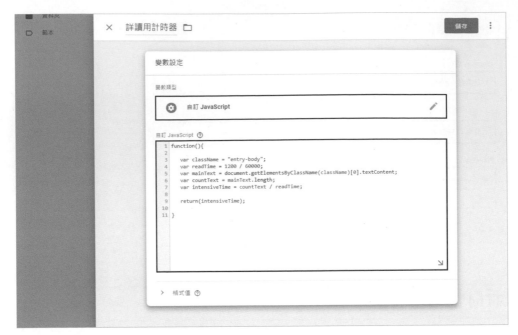

圖 6-4-8　「詳讀用計時器」變數

以下簡單說明一下程式碼的內容。

■ var className = "entry-body";

指定要計算字數的範圍的 Class 名稱「entry-body」。

■ var readTime = 1200 / 60000;

指定以 1 分鐘 1200 字的閱讀速度為「已詳讀」的條件。對於 1 分鐘能夠閱讀的字數，目前有各式各樣的說法，一般認為在 400 ～ 600 字左右。本例設定的「1200字」並不是以統計為根據的值，而是基於網頁媒體的閱讀速度比傳統紙本媒體更快的推論，同時考慮到該內容除文章外還有其他多餘的元素存在（作者簡介及社群網站按鈕等元素），因此採用這個較快的速度。這個值並無明確的理論依據，故你可自由更改這個「1200」的值。

■ var mainText = document.getElementsByClassName(className)[0].textContent;

從存在「className」中的「entry-body」範圍內擷取其內的文字。不過雖然只擷取文字，所擷取到的多少還是會包含除部落格文章內文文字以外的多餘部分。

■ var countText = mainText.length;

計算儲存在「mainText」中的文字長度（字數）。

■ var intensiveTime = countText / readTime;

用「countText」除以「readTime」，算出可視為「詳讀了頁面」的停留時間。

■ return(intensiveTime);

傳回存在「intensiveTime」中的時間。

GTM 的觸發條件設定

詳讀用計時器的觸發條件

點選 GTM 左側選單中的「觸發條件」，按下「觸發條件」區中的「新增」鈕以新增如下的觸發條件。此觸發條件是設定為，當停留在頁面的時間超過剛剛算出的「詳讀用計時器」的時間時，便會啟動。

■詳讀用計時器的觸發條件

觸發條件類型：計時器

事件名稱：gtm.timer

間隔：{{ 詳讀用計時器 }}

限制：1

這些條件全都符合時，啟用這項觸發條件：Page Path 　與規則運算式相符 　.*

這項觸發條件的啟動時機：所有的計時器

6-4

圖 6-4-9　設定詳讀用計時器的觸發條件

以下簡單說明一下這個計時器類型觸發條件的設定內容。

■事件名稱
以一般的時間測量來說，使用預設的「gtm.timer」即可。

■間隔
舉例來說，若是要在經過 60 秒後啟動觸發條件，就以毫秒為單位輸入「60000」。在此是利用先前建立的「詳讀用計時器」變數的時間（以每分鐘 1200 字的速度讀完內容文字量的詳讀時間）來設定。

■限制
設定當符合前述的「間隔」時間時，最多可啟動觸發條件幾次。留空白代表無上限，會一直不斷地反覆啟動，而若輸入 10，則表示最多只會反覆啟動 10 次。本例只需要啟動一次，故輸入「1」。

■這些條件全都符合時，啟用這項觸發條件

設定當「詳讀用計時器」變數不為「undefined（未定義）」時，啟動觸發條件。由於在 Class 名稱為「entry-body」的元素不存在於頁面內時，「詳讀用計時器」變數會是「undefined」，故本例指定只在「entry-body」元素存在於頁面內時才啟動觸發條件。

詳讀用畫面顯示的觸發條件

點選 GTM 左側選單中的「觸發條件」，按下「觸發條件」區中的「新增」鈕以新增如下的觸發條件。此觸發條件是設定為，當「entry-body」的範圍從上到下 100% 顯示於畫面中時，便會啟動。

■詳讀用畫面顯示的觸發條件

觸發條件類型：元素可見度

選取方式：CSS 選取器

元素選擇器：.entry-body

啟動此觸發條件的時機：每個網頁一次

最低可見百分比：100

這項觸發條件的啟動時機：所有可見度事件

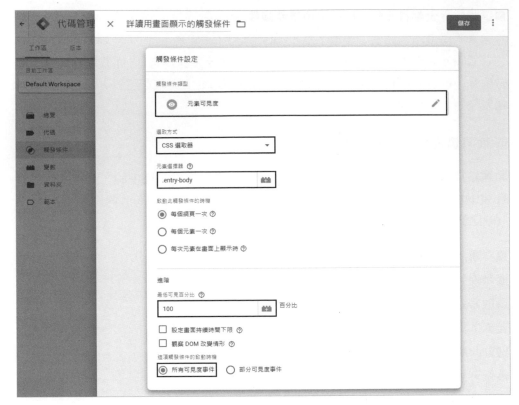

圖 6-4-10　設定詳讀用畫面顯示的觸發條件

以下簡單說明一下這個元素可見度類型觸發條件的設定內容。

■選取方式
有 ID 與 CSS 選取器可選，本例是用 Class 指定，故選擇 CSS 選取器。

■元素選擇器
將顯示的目標對象範圍設定為「entry-body」元素的範圍。輸入 Class 名稱時，別忘了要在最前面加一個「.（點）」。

■啟動此觸發條件的時機
由於本例只需要在每個頁面內啟動一次此觸發條件，故設定為「每個網頁一次」。

■最低可見百分比
設定成當 Class 名稱為「entry-body」的範圍 100% 顯示出來時，才啟動觸發條件。

詳讀的頁面瀏覽數的觸發條件

點選 GTM 左側選單中的「觸發條件」，按下「觸發條件」區中的「新增」鈕以新增如下的觸發條件。為了將此觸發條件設定為，會在剛剛建立之「詳讀用計時器的觸發條件」和「詳讀用畫面顯示的觸發條件」這兩個觸發條件都被啟動時觸發，故要利用名為「觸發條件群組」的觸發條件類型。

■詳讀的頁面瀏覽數的觸發條件

觸發條件類型：觸發條件群組

Triggers：「詳讀用計時器的觸發條件」、「詳讀用畫面顯示的觸發條件」

這項觸發條件的啟動時機：所有條件

圖 6-4-11　設定詳讀的頁面瀏覽數的觸發條件

GTM 的代碼設定

詳讀的頁面瀏覽數的代碼設定（GA4）

點選 GTM 左側選單中的「代碼」，按下「代碼」區中的「新增」鈕以新增如下的代碼。

■測量詳讀的頁面瀏覽數（GA4）

代碼類型：Google Analytics（分析）：GA4 事件

設定代碼：導入 Google Analytics（GA4）

※ 請參考 Chapter 5 的「導入 Google Analytics ～ GA4 篇～」部分

事件名稱：intensive_page_view

事件參數：參數名稱 intensive_page_view_value/ 值 1

觸發條件：詳讀的頁面瀏覽數的觸發條件

圖 6-4-12　設定詳讀的頁面瀏覽數的代碼

使用預覽模式檢查運作狀況

1. 執行 GTM 的預覽模式，連至示範環境中「更新情報（更新資訊）」下的「新商品を発表します（新商品發表）（/new-products-info-20180201/）」頁面後，切換到 Tag Assistant 的畫面中，什麼都不做，靜候 40 秒左右。當超過該頁面的詳讀時間時，Summary 欄便會新增出「Timer」項目。

圖 6-4-13 　確認 Timer 事件

2. 切換回「新商品を発表します（新商品發表）」頁面，將頁面捲動至整個主要內容都顯示出來的狀態，然後再次查看 Tag Assistant 的 Summary 欄。由於整個主要內容（亦即「entry-body」的範圍）已 100% 顯示出來，故會新增出「Element Visibility」項目。此外，由於詳讀時間和 100% 顯示這兩個條件都已獲得滿足，所以緊接在「Element Visibility」之後又出現了「Trigger Group」項目。點選「Trigger Group」，確認右側畫面中的「Tags Fired」下有列出「測量詳讀的頁面瀏覽數（GA4）」代碼，並點選該代碼。

圖 6-4-14 　確認由 Trigger Group 觸發的代碼

3. 將畫面右上角的「Display Variables as」選為「Values」，確認該代碼已取得並顯示出如下的資料。

■測量詳讀的頁面瀏覽數（GA4）

事件名稱："intensive_page_view"

事件參數：

name: "intensive_page_view_value"

value: "1"

圖 6-4-15　Tag Assistant 的代碼畫面（GA4）

確認其值正確，就表示一切設定成功，已可發布。

測量部落格的作者名稱與類別名稱

在媒體類的網站或自家公司網站上，若是有部落格文章之類天天更新、張貼的內容時，有時可能會需要比較並分析訪客對不同作者的反應差異。舉例來說，假設有 A 與 B 兩位作者，便可能得出「A 寫的文章不僅跳出率低，停留時間又長」、「B 寫的文章的平均網頁瀏覽量較少」等分析結果。此外，除了依作者進行分析外，有時也會依據文章的類別（像是「最新消息」等）來做分析。

雖說在 GA 中我們可針對各個頁面以各式各樣的指標進行分析，但若是想在分析畫面上瞭解「哪篇文章是誰寫的？哪個類別被閱讀了？」的話，就必須逐一存取各個頁面才能確認，真的非常麻煩。

因此本節便要為各位介紹，如何以 GTM 取得作者名稱與類別名稱，並將之儲存於 GA 的自訂維度。而這樣的設定方法還可進一步應用於部落格文章的發布日或更新日、代碼的測量設定等方面，非常實用，建議各位務必要學起來才好。

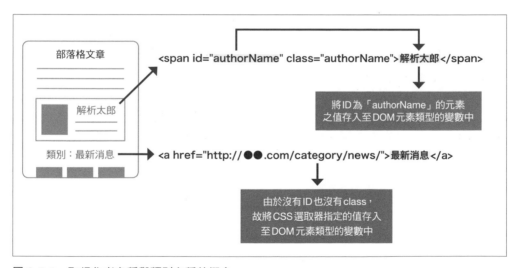

圖 6-5-1　取得作者名稱與類別名稱的概念

確認作者名稱

1. 從本書示範環境的「更新情報（更新資訊）（/information/）」連往「新商品を
表します（新商品發表）（/new-products-info-20180201/）」頁面。

圖 6-5-2　示範環境的已發佈文章

2. 在頁面下方「投稿者プロフィール（貼文者簡介）」內反白選取列出的作者名稱
（kaisekitaro）後，在其上按滑鼠右鍵，選擇「檢查 ※1」。

圖 6-5-3　使用 Google Chrome 的「檢查」功能

....

※1 **檢查**：此選項的名稱會依瀏覽器的種類而有所不同。「檢查」為 Google Chrome 的名稱。

3. 檢查畫面預設會顯示在瀏覽器下端。

圖 6-5-4　作者名稱部分的原始碼

這時如下的原始碼會被反白選取，代表該部分就是作者名稱的原始碼。

```
<span id="authorName" class="authorName">kaisekitaro</span>
```

其中，列在「id=」之後的「authorName」，就是此部分原始碼的「ID」。而其他常用的還有「Class」，亦即上列原始碼中列在「class=」之後的部分。在本例的這段原始碼中，ID 和 Class 都同樣是「authorName」。請將這個「authorName」記下來，以便稍後使用。

ID 和 Class 是構成網站的 HTML/CSS 所使用的屬性，通常用於指定網站內特定部分的樣式及版面排列方式等。ID 和 Class 的主要差異在於，原則上每個 ID 在同一頁面中只能使用一次，但 Class 則可在同一頁面中使用多次。例如，在同一個頁面中只會有一個作者資訊區，故使用 ID 來指定，而想將內文文字設定為粗體或紅字時，由於在同一個頁面中很可能會使用多次，所以通常會用 Class 來指定。

確認類別名稱

類別名稱的設定方法和作者名稱的設定方法差異不大，主要的不同處在於，同一篇文章可能會與多個類別建立關聯。理想上，一篇文章最好只設定單一類別，若是想再進一步細分，就用標籤來分類。但改變已在營運中網站的類別結構或運作方式，可能會因頁面路徑改變而產生不良影響，實在很難說改就改。

本例有鑑於設定相當複雜，故在此介紹的是針對一篇文章只取得一個類別的做法，但想用自訂維度取得多個類別時，也可用「最新消息、活動通知」這種形式將多個類別結合成一個值存入，或是以「第 1 個類別」、「第 2 個類別」的形式，依據你所預計可能同時關聯的最多類別數，來建立自訂維度，又或是亦可利用事件測量而非以自訂維度來取得等。只不過不論採取哪種方法，在分析時往往都很耗時費工，所以方法的選擇主要還是取決於分析者的偏好。好消息是，一旦學會本例介紹的設定方式，你就能掌握基本原則，之後想必不論採取哪種方法應該都難不倒你，建議有興趣的讀者們可以進一步自行嘗試看看。

1. 和作者名稱一樣，請從本書示範環境的「更新情報（更新資訊）（/information/）」連往「新商品を発表します（新商品發表）（/new-products-info-20180201/）」頁面。

在頁面下方「Related posts（相關文章）」之下的「お知らせ（最新消息）」分類上按滑鼠右鍵，選擇「檢查 ※」。

圖 6-5-5　使用 Google Chrome 的「檢查」功能

2. 檢查畫面預設會顯示在瀏覽器下端。

圖 6-5-6　分類部分的原始碼

....

※ **檢查**：此選項的名稱會依瀏覽器的種類而有所不同。「檢查」為 Google Chrome 的名稱。

這時如下的原始碼會被反白選取，代表該部分就是文章的類別名稱（「お知らせ（最新消息）」）的原始碼。

```
<a href="http://www.waca.world/category/%e3%81%8a%e7%9f%a5%e3%82%89%e3%81%9b/">お知らせ</a>
```

處理作者名稱時，我們是利用 ID 來取得名稱，但在這段類別名稱的原始碼中並不存在 ID 或 Class。在沒有 ID 也沒有 Class 的情況下，請於反白的原始碼上按滑鼠右鍵，選擇「複製 > 複製 selector」。

圖 6-5-7　複製「お知らせ（最新消息）」的 selector

實際將所複製的 selector 貼入記事本等文字編輯器中，便會看到如下的內容。

```
#post-790 > div.entry-footer > div:nth-child(1) > dl > dd > a
```

HTML 的寫法，是以 <div> 及 <a> 等標籤將文字包夾在內。有時標籤是並列的，但也會有標籤中再包入標籤的層次結構存在。利用這個複製 selector 的功能，我們就能取得指定部分的位置關係（層次結構）。

由此 selector 可知，「お知らせ（最新消息）」的類別名稱就位於「名為 post-790 的 ID 中的 <div class="entry-footer"> 中的第一個 <div> 中的 <dl> 中的 <dd> 中的 <a>」裡。

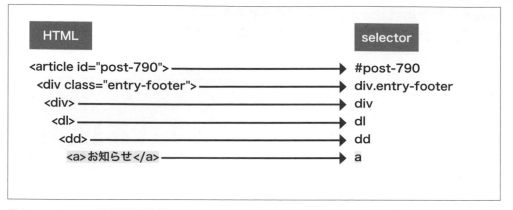

圖 6-5-8　HTML 的階層結構與 selector

但這個 selector 還需要一些修改才能使用。需要修改的就是開頭處的「#post-790」。
像「#post-790」這樣在最前面有個「#」符號的屬於 ID 名稱，而在此它代表的是
「新商品を発表します（新商品發表）」整個文章頁面的 ID。所以若你在其他的最
新消息文章頁面複製類別名稱的 selector，便會得到數字部分不同的「#post-
●●●」。

要是直接使用這個 selector，就會只有這篇文章能夠運作，因此要刪除「#post-
790」的部分，將之修改為如下。

```
div.entry-footer > div:nth-child(1) > dl > dd > a
```

請將這個經修改過的原始碼記下來，以便稍後使用。

設定自訂維度

設定 GA4 的自訂維度

1. 於 GA4 的左側選單點選「管理」後，點按「資源」欄中的「自訂定義」，再點
按「建立自訂維度」鈕。

圖 6-5-9　GA4 的管理畫面

2. 於「新增自訂維度」畫面中輸入如下的設定，然後按「儲存」鈕。

維度名稱：文章作者
範圍：事件
說明：已發佈文章的作者名稱
事件參數：author

圖 6-5-10　文章作者的自訂維度設定

3. 繼續依步驟 1 〜 2 的操作方式，建立另一個用於文章類別的自訂維度。請於點按「建立自訂維度」鈕後，做如下的設定。

維度名稱：文章類別
範圍：事件
說明：已發佈文章的類別名稱
事件參數：blog_category

圖 6-5-11　文章類別的自訂維度設定

GTM 的變數設定

文章作者的變數

點選 GTM 左側選單中的「變數」，按下「使用者定義的變數」區中的「新增」鈕後，點按「變數設定」區，以建立並設定如下的新變數。先前在 Google Chrome 的檢查畫面中記下的 ID 名稱「authorName」就是要用在這裡。由於記載了作者名稱的元素的 ID 為「authorName」，故使用如下的設定便可將作者名稱存入至變數內。

■文章作者

變數類型：DOM 元素

選取方式：編號

元素 ID：authorName

圖 6-5-12　文章作者的變數

文章類別的變數

點選 GTM 左側選單中的「變數」，按下「使用者定義的變數」區中的「新增」鈕後，點按「變數設定」區，以建立並設定如下的新變數。和作者名稱一樣，在此也要使用先前在 Google Chrome 的檢查畫面中記下的 selector。

■文章類別

變數類型：DOM 元素

選取方式：CSS 選取器

元素選擇器：div.entry-footer > div:nth-child(1) > dl > dd > a

圖 6-5-13　文章類別的變數

GTM 的代碼設定

網站整體的代碼設定（GA4）

1. 點選 GTM 左側選單中的「代碼」後，點選以編輯測量整個網站的 GA4 設定代碼（以本書來説就是「導入 Google Analytics（GA4）」），於其中新增如下的設定。在 GA4 的標準內建變數中有個「page_view」，其中包含「page_location（頁面 URL）」及「page_title（頁面標題）」等事件參數。要在這個「page_view」事件中增加自訂的參數時，就必須使用「要設定的欄位」部分。

■導入 Google Analytics（GA4）
※ 請參考 Chapter 5 的「導入 Google Analytics 〜 GA4 篇〜」部分
載入這項設定時傳送一次網頁瀏覽事件：勾選
要設定的欄位：
（欄位名稱）author /（值）{{ 文章作者 }}
（欄位名稱）blog_category /（值）{{ 文章類別 }}

圖 6-5-14　編輯測量整個網站的 GA4 設定代碼

使用預覽模式檢查運作狀況

1. 執行 GTM 的預覽模式，連至本書示範環境中「更新情報（更新資訊）（/information/）」下的「新商品を発表します（新商品發表）（/new-products-info-20180201/）」頁面。

圖 6-5-15　示範環境的已發佈文章

2. 從 Tag Assistant 左側的 Summary 欄點選「Container Loaded」。確認剛剛所編輯的測量整個網站的 GA4 設定代碼有被列出後，點選該代碼以查看其傳送內容。

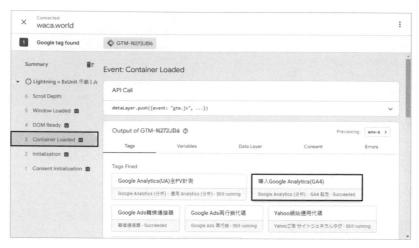

圖 6-5-16　Tag Assistant 的畫面

3. 將畫面右上角的「Display Variables as」選為「Values」，確認該代碼已取得並顯示出如下的資料。

■導入 Google Analytics（GA4）

要設定的欄位：「page_view」事件參數：

name: "author", value: "kaisekitaro"　※ 文章作者的名稱

name: "blog_category", value: " お知らせ "

圖 6-5-17　測量整個網站的 GA4 設定代碼

確認其值正確，就表示一切設定成功，已可發布。

補充

本例所介紹的設定會在使用者瀏覽了部落格文章時，將作者名稱和類別名稱傳送至自訂維度。但當使用者瀏覽的是部落格文章之外的其他頁面時，作者名稱和類別名稱都會以「null」字串傳送至自訂維度。原本「null」是代表沒存入任何東西的「空值」狀態，然而以本例來說，由於會直接存進「null」這樣的字串，故實際上並不是真的「空值」。若是以 GA 進行分析，只要用篩選功能剔除「null」就沒問題了，但若你不想把「null」字串傳送給 GA 的話，可利用以下的方式來避免。

1. 點選 GTM 左側選單中的「變數」，按下「使用者定義的變數」區中的「新增」鈕後，點按「變數設定」區，以建立並設定如下圖所示的新變數。這個「未定義值」是一種會傳回「undefined」狀態（並非字串）的變數類型。而所謂的變數為「undefined」狀態，就代表「該變數尚未被定義 = 該變數不存在」。

圖 6-5-18 　未定義值的變數

2. 再次點按「使用者定義的變數」區中的「新增」鈕後，以建立並設定如下的兩個新變數。這兩個變數都為「對照表」類型，初始值分別設為作者名稱和類別名稱，但當初始值為「null」字串時，就將之設定成「undefined」狀態。

■查找 _ 文章作者
變數類型：對照表（在「公用程式」分類下）

輸入變數：{{ 文章作者 }}

對照表：（輸入）null /（輸出）{{ 未定義值 }}

設定預設值：勾選

預設值：{{ 文章作者 }}

圖 6-5-19　建立對照表類型的變數（文章作者）

■查找 _ 文章類別

變數類型：對照表（在「公用程式」分類下）

輸入變數：{{ 文章類別 }}

對照表：（輸入）null /（輸出）{{ 未定義值 }}

設定預設值：勾選

預設值：{{ 文章類別 }}

圖 6-5-20　建立對照表類型的變數（文章類別）

3. 接著點按左側選單中的「代碼」，點選以編輯測量整個網站的 GA4 設定代碼（以本書來說就是「導入 Google Analytics（GA4）」），將其中的設定修改為如下。由於我們利用對照表類型的變數，將「null」字串轉換成了「undefined」，所以當變數值為「null」時，就不會被傳送給自訂維度了。

■導入 Google Analytics（GA4）

載入這項設定時傳送一次網頁瀏覽事件：勾選

要設定的欄位：

（欄位名稱）author /（值）{{ 查找 _ 文章作者 }}

（欄位名稱）blog_category /（值）{{ 查找 _ 文章類別 }}

圖 6-5-21　測量整個網站的 GA4 設定代碼

雖説去掉「null」可讓資料看起來更乾淨清爽，但考量到可能會因別的設定而發生錯誤或故障，以致於部分資料未被傳送等情況，有時或許有「null」會比較方便也説不定。到底該採用哪種設定還是依環境而異，請各位照著自己的喜好及需求來選擇。

此外，本例的設定方式可能會因網站的結構變化使得 selector 的階層關係改變，於是導致資料無法取得。風險最低的方式，是委託網站的製作開發人員，請他們以資料層的形式來傳送資料。但這種方式必須修改網頁原始碼，超出了本書的討論範圍故我們不予介紹，各位只需要記住「也有這樣的做法」就行了。

測量選單的點擊數

在分析「網頁內特定區域被點按的頻繁程度」方面,最具代表性的手法之一,就是使用所謂的 熱圖工具 。這樣的熱圖就如紅外線熱成像般,經常被點按的部分會由冷色漸變為暖色,即使是不熟悉資料分析的人也能從視覺上直覺地掌握狀況,是一種非常方便的工具。雖然達不到熱圖的等級,不過在此我們要介紹一種類似的測量方法,可取得主要選單中各個選項被點按的次數。

確認選單區

1. 在瀏覽器中開啟示範環境的首頁後,於主要選單的「ホーム(首頁)」上按滑鼠右鍵,選擇「檢查」。

圖 6-6-1 檢查首頁連結的原始碼

2. 請查看反白選取處的「<a href= ～」標籤。

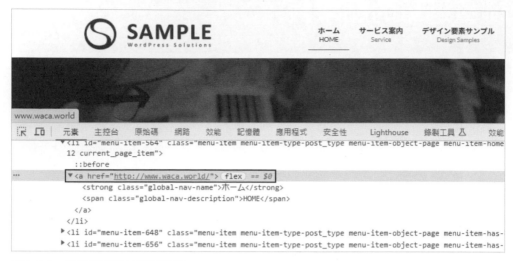

圖 6-6-2　檢查首頁連結的原始碼

3. 點選「<a href= ～」標籤往上數第 3 行的「<ul id="menu-headernavigation" ～」標籤，即可將整個主選單部分反白選取。請將這個標籤中的 ID「menu-headernavigation」記下來，以便稍後使用。

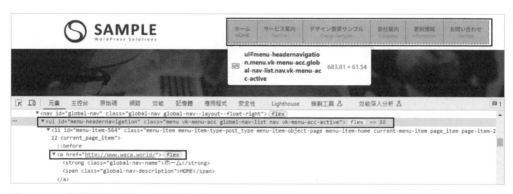

圖 6-6-3　主選單部分的 ID（桌面版）

4. 點選檢查畫面左上角的「手機與平板圖示」。

圖 6-6-4　切換裝置工具列

5. 在上半部的畫面中將尺寸選為「iPhone SE」，縮放設為「100%」。

圖 6-6-5　行動裝置的顯示設定

6. 點按畫面左上角的漢堡選單，在彈出的下拉式選單中，於「ホーム（首頁）」上按滑鼠右鍵，選擇「檢查」。

圖 6-6-6　檢查智慧型手機的顯示原始碼

7. 點選一開始反白選取處的「<a href= ～」標籤往上數第 3 行的「<ul id="menuheadernavigation-1" ～」標籤，即可將整個下拉式選單部分反白選取。請將這個標籤中的 ID「menuheadernavigation-1」記下來，以便稍後使用。

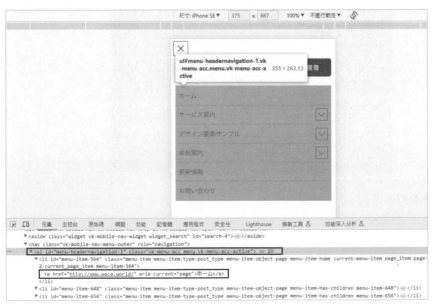

圖 6-6-7　主選單部分的 ID（行動裝置版）

8. 點選檢查畫面左上角的「手機與平板圖示」，回到一般桌面型電腦的顯示狀態。

圖 6-6-8　切換裝置工具列

GTM 的觸發條件設定

點按選單

點選 GTM 左側選單中的「觸發條件」，按下「觸發條件」區中的「新增」鈕以新增如下的觸發條件。此觸發條件是設定成當指定 ID 中的連結被點按時便會啟動。內建變數「Click Element」中含有所點按元素的 HTML 代碼及 ID、Class，故可從中指定剛剛在檢查畫面中記下的 ID（ID 要在最前面加上「#」符號）。但由於可能有連結之外的其他元素緊接在 ID 元素下，因此需加上代表「任何東西」的「*」符號。這樣就能在 ID 元素與連結之間還含有其他元素的情況下，也順利啟動觸發條件。

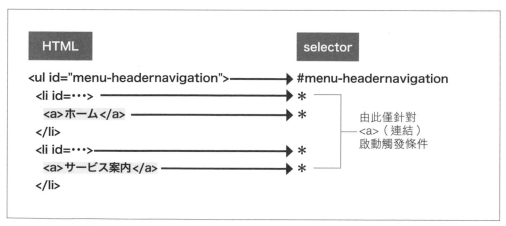

圖 6-6-9　選單點擊的觸發條件概念

此外，本例在桌面版和行動裝置版（包含平板電腦）兩種顯示狀況下，選單的 Class 名稱各自不同，所以使用「,」符號指定「或（OR）」來達成包含兩者之目的。

■點按選單

觸發條件類型：點擊 - 僅連結

這項觸發條件的啟動時機：部分的連結點擊

條件：

① Click Element

② 符合 CSS 選取器

③ #menu-headernavigation *, #menu-headernavigation-1 *

圖 6-6-10　設定「點按選單」觸發條件

GTM 的代碼設定

測量點按選單（GA4）

點選 GTM 左側選單中的「代碼」，按下「代碼」區中的「新增」鈕以新增如下的代碼。GA4 通常使用完整的 URL 而非路徑，故在參數值的部分是指定「Click URL」變數。

■測量點按選單（GA4）

代碼類型：Google Analytics（分析）：GA4 事件

設定代碼：導入 Google Analytics（GA4）

※ 請參考 Chapter 5 的「導入 Google Analytics ～ GA4 篇～」部分

事件名稱：click_area

事件參數：（參數名稱）main_menu /（值）{{Click URL}}

觸發條件：點按選單

圖 6-6-11 「測量點按選單（GA4）」代碼

使用預覽模式檢查運作狀況

1. 執行 GTM 的預覽模式，開啟示範環境的首頁後，從主選單中點選「サービス案內（服務介紹）」下的「よくあるご質問（常見問題）」。

圖 6-6-12　點選「よくあるご質問（常見問題）」

2. 從 Tag Assistant 左側的 Summary 欄點選首頁內的「Link Click」，確認右側畫面中的「Tags Fired」下有列出「測量點按選單（GA4）」代碼，並點選該代碼。

圖 6-6-13　Tag Assistant 的代碼清單畫面

3. 將畫面右上角的「Display Variables as」選為「Values」，確認代碼已取得並顯示出如下的資料。

■測量點按選單（GA4）
事件名稱："click_area"
事件參數：
name: "main_menu"
value: "http://www.waca.world/service/faq/"

圖 6-6-14　Tag Assistant 的代碼畫面

4. 回到「よくあるご質問（常見問題）」頁面，於頁面任意處按滑鼠右鍵，選擇「檢查」後，點選檢查畫面左上角的「手機與平板圖示」，並切換至智慧型手機的顯示狀態。

圖 6-6-15　切換裝置工具列並設為智慧型手機的顯示狀態

5. 點按畫面左上角的漢堡選單，於顯示出的下拉式選單中點選「会社案内（公司介紹）」。

圖 6-6-16　點選「会社案内（公司介紹）」

6. 從 Tag Assistant 左側的 Summary 欄點選「よくあるご質問（常見問題）」頁面內的「Link Click」，確認右側畫面中的「Tags Fired」下有列出「測量點按選單（GA4）」代碼，並點選該代碼。

圖 6-6-17　Tag Assistant 的代碼清單畫面

7. 將畫面右上角的「Display Variables as」選為「Values」，確認該代碼已取得並顯示出如下的資料。

■測量點按選單（GA4）
事件名稱："click_area"
事件參數：
name: "main_menu"
value: "http://www.waca.world/company/"

圖 6-6-18　Tag Assistant 的代碼畫面

確認其值正確，就表示一切設定成功，已可發布。

補充

若是以 GA4 來分析選單點擊數之測量結果,則雖然在報表畫面的事件計數畫面中可看出選單的總點擊數,但無法得知個別選單項目的點擊數,因此必須要建立自訂維度才行。

1. 於 GA4 的左側選單點選「管理」後,點按「資源」欄中的「自訂定義」,再點按「建立自訂維度」鈕。

圖 6-6-19　GA4 的管理畫面

2. 於「新增自訂維度」畫面中輸入如下的設定,然後按「儲存」鈕。

維度名稱:選單點擊
範圍:事件
說明:點按主選單項目
事件參數:main_menu

圖 6-6-20　選單點擊的自訂維度設定

設定跨網域追蹤

使用 GA 測量網站時，基本上是要分別針對每個網站各建立一個 GA 資源。但在有相關網站存在，或是在電子商務網站的購物車及信用卡支付等部分必須經由外部網站進行等情況下，就會需要將多個網站合併在一起測量。而像這樣將多個網站（網域）合併在一起測量的方式，就叫做「跨網域追蹤」。

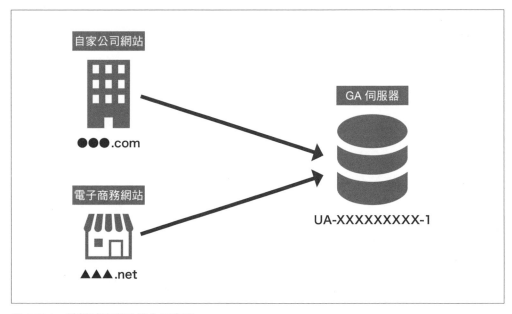

圖 6-7-1　跨網域追蹤的概念示意圖

以往在舊版的 UA 中若要進行跨網域追蹤，會需要做一連串的複雜設定，不過現在在新的 GA4 裡進行跨網域追蹤時，只要在「管理」頁面點按「資源」欄中的「資料串流」，點選要進行跨網域追蹤的網站後，點按「Google 代碼」下的「進行代碼設定」，再點按「設定」下的「設定網域」，將所有要測量的 URL 都加入至條件中就行了。

排除相關人員的存取資料

在 GA 所測量的資料中，除了來自一般使用者的存取外，也包含來自該網站營運公司本身的員工、來自外部合作廠商，以及來自執行 GTM 預覽等的存取。由於測量資料的目的在於推測使用者的需求、意圖和不滿意之處，以便改善網站，因此若有相關人員的存取混入其中，就會成為雜音。

在大企業及政府機關、大學等組織中，相當於網路上的地址的 IP 位址往往是固定的，只要在 GA 的篩選器設定中指定 IP 位址，便能夠輕鬆排除相關人員。

然而對於非固定 IP 位址的絕大多數業者來說這方法派不上用場，因此本節就要為各位介紹利用 Cookie 來排除相關人員存取資料的做法。

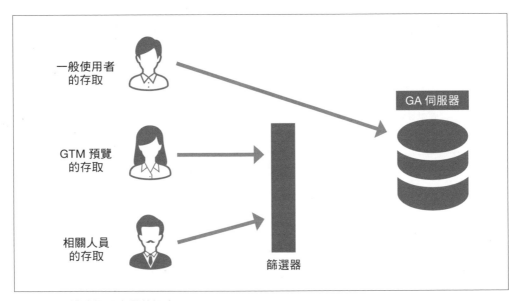

圖 6-8-1　排除相關人員的概念

GA 的設定

GA4 的排除相關人員存取資料設定

1. 從 GA4 的左側選單點選「管理」後，點按管理畫面中「資源」欄下的「資料設定」，再點選「資料篩選器」項目。

圖 6-8-2　GA4 的管理畫面

2. 點按畫面右上角的「建立篩選器」。若是要排除瀏覽特定頁面的人，那麼可直接利用預設就有的「Internal Traffic」篩選器。這個「Internal Traffic」篩選器會在傳來的資料中的「traffic_type」事件參數為「internal」時，予以排除。但若要排除 GTM 預覽模式的存取資料，就必須另外建立篩選器，因此接著我們便要建立並設定新的篩選器。

圖 6-8-3　建立篩選器

3. 點選「開發人員流量」項目。

圖 6-8-4 選擇篩選器的類型

4. 如下輸入各項設定後，點按「建立」鈕。開發人員流量」類型的篩選器會在「debug_mode」或「debug_event」事件參數的值為「1」時予以排除。在 GTM 中執行預覽模式時，這些值就會自動反映出來。此外「測試中」只是用於確認能否正常運作的狀態，在此狀態下的篩選器並未啟用，亦即所有存取資料還是會被計入，這點請務必注意。

※ 在後續步驟中會切換為「啟用」。

資料篩選器名稱：Develper Traffic
篩選器作業：排除
篩選器狀態：測試中

圖 6-8-5 建立「開發人員流量」類型的篩選器

GTM 的變數設定

偵錯模式變數

點選 GTM 左側選單中的「變數」，按下「使用者定義的變數」區中的「新增」鈕後，點按「變數設定」區，以建立並設定如下圖的新變數。偵錯模式類型的變數會在執行 GTM 的預覽模式時傳回「true」，在其他時候都傳回「false」。此變數主要用於以其值來判別是否為執行預覽模式時的網站存取資料。

圖 6-8-6　偵錯模式變數

用於排除相關人員的 Cookie 變數

點選 GTM 左側選單中的「變數」，按下「使用者定義的變數」區中的「新增」鈕後，點按「變數設定」區，以建立並設定如下圖的新變數。之後我們會用自訂 HTML 代碼來授予名為「gtm_traffic_type」的 Cookie。而在此建立的變數，就是用來接收該 Cookie 中所存放的值。

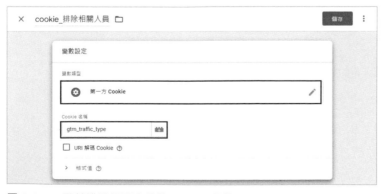

圖 6-8-7　用於排除相關人員的 Cookie 變數

用於排除相關人員的對照表變數

點選 GTM 左側選單中的「變數」，按下「使用者定義的變數」區中的「新增」鈕後，點按「變數設定」區，以建立並設定如下的新變數。此變數會在剛剛建立的偵錯模式變數之值為「true（執行預覽的狀況）」時傳回代表處於預覽模式的「developer」，並於值為「false（其他狀況）」時，傳回存放於名為「gtm_traffic_type」之 Cookie 中的值。

■對照表 _ 排除相關人員

變數類型：對照表（在「公用程式」分類下）

輸入變數：{{ 偵錯模式 }}

對照表：

> 第 1 列：（輸入）true /（輸出）developer
> 第 2 列：（輸入）false /（輸出）{{cookie_ 排除相關人員 }}

圖 6-8-8　用於排除相關人員的對照表變數

GTM 的觸發條件設定

排除相關人員觸發條件

點選 GTM 左側選單中的「觸發條件」，按下「觸發條件」區中的「新增」鈕以新增如下的觸發條件。此設定是藉由讓不執行預覽模式的相關人員連結如「http://www.waca.world/?internal=ture」這樣帶有「internal=true」參數的 URL，來排除其存取資料。本例是以「6-1 建立自訂變數」中所建立的「頁面路徑與參數」變數為條件，不過你也可利用「Page URL」變數來設定條件。

■排除相關人員觸發條件

觸發條件類型：網頁瀏覽

這項觸發條件的啟動時機：部分的網頁瀏覽

有事件發生且這些條件全都符合時，啟用這項觸發條件：

頁面路徑與參數　　包含　　internal=true

圖 6-8-9　排除相關人員觸發條件

GTM 的代碼設定

授予排除相關人員的 Cookie

點選 GTM 左側選單中的「代碼」，按下「代碼」區中的「新增」鈕以新增如下的代碼。此代碼會針對所瀏覽之頁面包含觸發條件設定的「internal=true」的使用者，授予名為「gtm_traffic_type」的 Cookie。當「gtm_traffic_type」中存有「internal」這個值時，便會將該使用者視為相關人員而予以排除。

■ 授予排除相關人員的 Cookie

代碼類型： 自訂 HTML

HTML：

```
<script>

    var cName = "gtm_traffic_type";
    var cValue = "internal";
    var cDomain = location.hostname.replace(/^www\./i, "");
    var cPath = "/";
    var setExpire = 1000 * 60 * 60 * 24 * 730;
    var nDate = new Date();
    nDate.setTime(nDate.getTime() + cExpire);
    var cExpire = nDate.toUTCString();

    document.cookie = cName + "=" + cValue + ";expires=" + cExpire + ";path="
+ cPath + ";domain=" + cDomain + ";";

</script>
```

觸發條件： 排除相關人員觸發條件

以下簡單說明一下程式碼的內容。

■ var cName = "gtm_traffic_type";

存入 Cookie 的名稱「gtm_traffic_type」。

■ var cValue = "internal";

存入 Cookie 的值「internal」。

■ **var cDomain = location.hostname.replace(/^www\./i, "");**

存入可存取此 Cookie 的網域。網域若是以「www.」起頭，則存入時先省略「www.」。但實際上存入 Cookie 的網域其開頭處會被加上一個「.（點）」，亦即「www.waca.world」會存入為「.waca.world」。

■ **var cPath = "/";**

存入可存取 Cookie 的路徑。將路徑指定為「"/"」，表示從網站內的所有頁面皆可存取。

■ **var setExpire = 1000 * 60 * 60 * 24 * 730;**

設定 Cookie 的有效期限。這裡是將 730 天（2 年）轉換為毫秒數以指定。不過隨著最近對 Cookie 的限制及規範有所改變，以 Apple 的 Safari 瀏覽器瀏覽時，Cookie 的有效期限會被強制變更成 7 天（2022 年 3 月時的狀況）。也就是說，Cookie 不見得總是會依據你所指定的期限來設定其有效期限，這點請特別注意。

■ **var nDate ～ nDate.toUTCString();**

將 setExpire 所設定的有效期限轉換成年月日形式的到期日。

■ **document.cookie = ～ + ";";**

將以上設定內容的 Cookie 授予給使用者。

圖 6-8-10　授予排除相關人員的 Cookie

編輯 GA4 的測量代碼

點選 GTM 左側選單中的「代碼」後，點選以編輯測量整個網站的「導入 Google Analytics（GA4）」代碼，於其中新增如下的設定。<mark>在 GA4 中，不是利用自訂維度，而是將「internal」或「developer」的值傳送給事件參數「traffic_type」。</mark>

載入這項設定時傳送一次網頁瀏覽事件：勾選
要設定的欄位：（欄位名稱）traffic_type /（值）{{ 對照表 _ 排除相關人員 }}

圖 6-8-11　編輯 GA4 的測量代碼

使用預覽模式檢查運作狀況

1. 執行 GTM 的預覽模式，開啟示範環境的首頁。從 Tag Assistant 左側的 Summary 欄點選「Container Loaded」，於右側畫面點選列在 Tags Fired 下的「導入 Google Analytics（GA4）」代碼以查看其傳送內容。

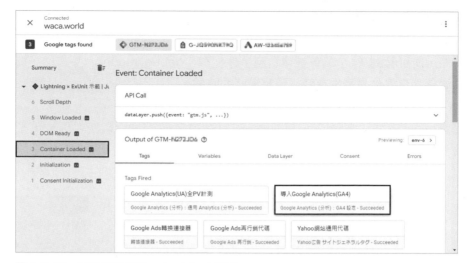

圖 6-8-12　示範環境的 Tag Assistant 畫面

2. 將畫面右上角的「Display Variables as」選為「Values」，確認該代碼已取得並顯示出如下的資料。

■導入 Google Analytics（GA4）

要設定的欄位：name: "traffic_type", value: "developer"

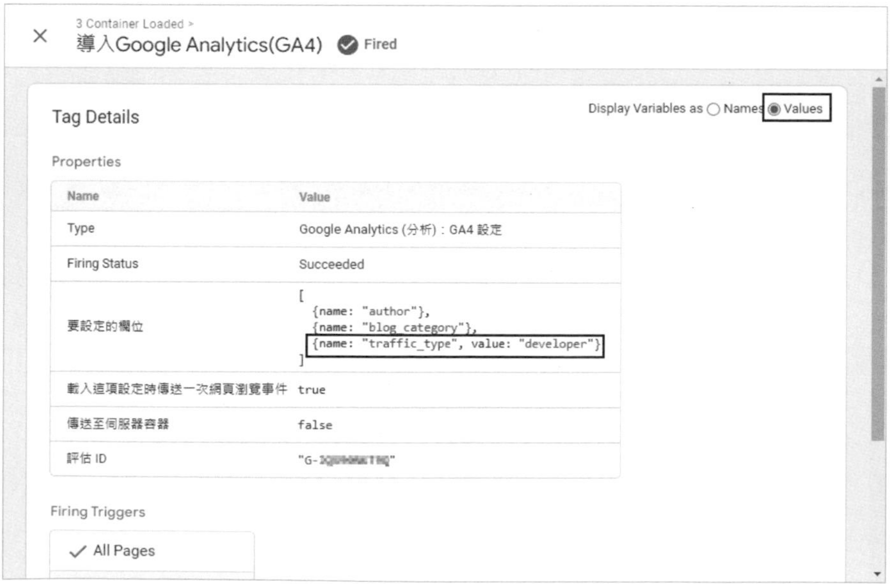

圖 6-8-13　測量整個網站的 GA4 設定代碼

3. 於 GA4 的左側選單選擇「管理」後，在管理畫面中央的「資源」欄中點選「DebugView」，即可查看預覽模式的資料接收狀況。點按右側時間軸中的「page_view」事件，便可看到「1」的值被傳送至事件參數「debug_mode」。換言之，這就表示此網頁瀏覽事件是發生在執行預覽模式的時候。

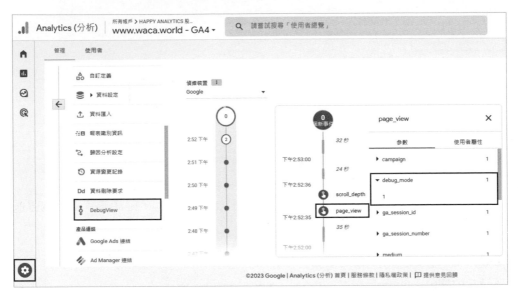

圖 6-8-14　GA4 的「DebugView」

4. 於 GA4 的左側選單選擇「管理」後，在管理畫面中央的「資源」欄中點選「資料設定」下的「資料篩選器」項目，啟用其中的「Developer Traffic」篩選器。

圖 6-8-15　啟用「Developer Traffic」篩選器

5. 接下來要檢查連至帶有「internal=ture」參數的 URL 時，是否確實會被視為相關人員而予以排除。但由於一執行 GTM 的預覽模式，就會被分類為「developer」，因此為了確認該參數是否能正常運作，我們要暫時將「對照表_排除相關人員」變數的「true」和「false」設定對調。這樣的驗證方式雖不嚴謹，但還是可達到檢查的目的。

圖 6-8-16　修改用於排除相關人員的對照表變數

6. 執行 GTM 的預覽模式，連至示範環境的任一頁面後，於該頁面 URL 的末尾加上「?internal=true」，再載入頁面。

圖 6-8-17　連至用於排除相關人員的 URL

7. 從 Tag Assistant 左側的 Summary 欄點選「Container Loaded」，確認右側畫面中的「Tags Fired」下有列出「導入 Google Analytics（GA4）」與「授予排除相關人員的 Cookie」代碼後，點按「導入 Google Analytics（GA4）」代碼。

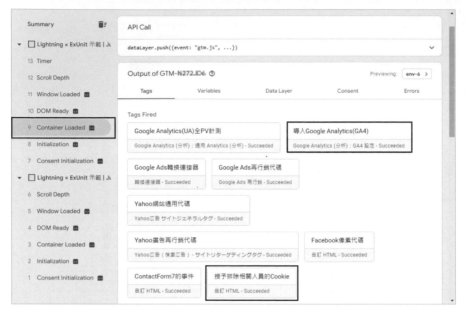

圖 6-8-18　Tag Assistant 的畫面

■導入 Google Analytics（GA4）

要設定的欄位：name: "traffic_type", value: "internal"

圖 6-8-19　測量整個網站的 GA4 設定代碼

8. 於 GA4 的左側選單選擇「管理」後，在管理畫面中央的「資源」欄中點選「DebugView」。接著點按右側時間軸中的「page_view」事件，便可看到「internal」的值被傳送至事件參數「traffic_type」。這就表示，此網頁瀏覽事件是發生在授予排除相關人員之 Cookie 的狀態下。

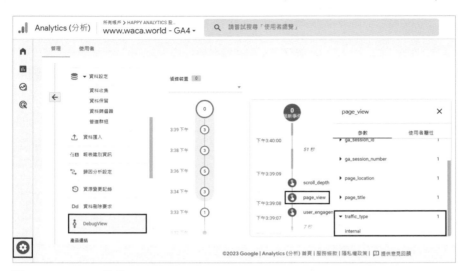

圖 6-8-20　GA4 的「DebugView」

9. 現在把步驟 5 中對「對照表_排除相關人員」變數的更動改回來，亦即將「true」和「false」的設定對調回來並儲存。

圖 6-8-21　恢復用於排除相關人員的對照表變數

10. 於 GA4 的左側選單選擇「管理」後，在管理畫面中央的「資源」欄中點選「資料設定」下的「資料篩選器」項目，啟用其中的「Internal Traffic」篩選器。

圖 6-8-22　啟用「Internal Traffic」篩選器

11. 至此，GTM 一切設定成功，已可發布。由於「Developer Traffic」篩選器只會在執行 GTM 的預覽模式時運作，故只要解除預覽模式，就會被測量到。但「Internal Traffic」的部分則需要刪除儲存在瀏覽器中的 Cookie。

欲刪除 Cookie 時，請於連上該網站的狀態下在網頁中按滑鼠右鍵，選擇「檢查」。接著點選檢查畫面上方的「應用程式」，左側清單就會列出「Cookie」項目，而展開該項目會看見對應的網站 URL。點選 URL 即可於右側畫面看到 Cookie 清單，只要刪除顯示著「gtm_traffic_type」和「internal」的列，便能使「Internal Traffic」篩選器失效。

此外，用於排除相關人員的 Cookie 在 Safari 瀏覽器中只能留存 7 天（2022 年 3 月時的狀況）。故在提供 URL 給相關人員的時候，務必細心提醒對方要將帶有參數的 URL 存入書籤中使用才好。

圖 6-8-23　刪除用於排除相關人員的 Cookie

（參考）固定 IP 位址的排除設定

以下介紹要依據固定 IP 位址來排除相關人員時的設定方法。

■ GA4 的設定

①於 GA4 的左側選單選擇「管理」後，在管理畫面中央的「資源」欄中點選「資料串流」，再選擇欲排除相關人員的資料串流

②點按畫面下端的「進行代碼設定」

③點按下端「設定」部分的「全部顯示」後，點選「定義內部流量」項目，按下「建立」鈕並如下進行設定

規則名稱：（可輸入任意名稱）

比對類型：IP 位址等於

值：（輸入固定的 IP 位址）

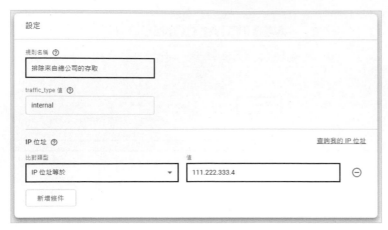

圖 6-8-24　GA4 的排除固定 IP 位址設定

Appendix

相關的實用小技巧

在此將統一介紹一些於 Google 代碼管理工具和 Google Analytics 的運用上，無法於其他章節解説的相關內容。

Google 代碼管理工具的容器種類

雖然本書內容僅聚焦於 Google 代碼管理工具（以下簡稱 GTM）中的「網路」（亦即網站）容器，但實際上也還有很多其它類型的容器存在。

要在智慧型手機 App 上運用 GTM 時，可利用「iOS」及「Android」容器。藉由結合名為 Firebase SDK 的 App 開發套件與 GTM，便可使用適用於 Firebase 的 Google Analytics 事件、參數及使用者屬性等。

而「AMP」容器的 AMP 是指 Accelerated Mobile Pages（加速行動版網頁），要在支援此快速顯示機制的網站上運用 GTM 時，就可利用這種類型的容器。「AMP」容器的適用對象為網站，其定位最接近「網路」容器，但由於支援 AMP 的網頁在 CSS 及 JavaScript 的使用上受到部分限制，故其代碼和觸發條件的種類等還是與「網路」容器有所不同。

最後是「Server」容器，這是 GTM 中最新的、近來非常受到矚目的容器類型。藉由將網站或 App 所進行的處理，透過 Google Cloud 交由伺服器端去處理的方式，此容器除了能提升網站及 App 的效能外，還具有增加安全性、強化所收集資料的安全等優點。在保護個人資訊及對 Cookie 的規範日益嚴格化的狀態下，今後從「Server」容器尋求出路的行動想必會越來越多。不過「Server」容器不像「網路」容器那樣可輕鬆設定，技術上難度較高，以及必須付費使用 Google 的雲端伺服器等，都是其難以避免的缺陷。

圖 A-1-1　GTM 的容器

GTM 的預覽模式無法正常運作時

GTM 的預覽模式鮮少發生執行時無法順利連接網站的狀況。導致該模式無法正常
運作的原因很多，若你遇到無法順利連接網站的情況，請試試下列幾種解決辦法。

①檢查 GTM 的容器是否已確實安裝至網站

首先請確認是否已將 GTM 容器的程式碼寫在網站中。偶爾會有人不小心忘了寫入
GTM 的程式碼，或是在複製貼上的過程中不小心貼錯某個部分，又或是錯貼了別
的網站的容器。這類錯誤或許聽來離譜，但還是再確認一次比較妥當。

②請使用建議的瀏覽器

利用 Google Analytics（以下簡稱 GA）和 GTM 時，基本上都建議搭配使用
Chrome 瀏覽器。請不要使用其他非建議的瀏覽器，尤其是預設內建有廣告攔截功
能的瀏覽器（Brave 等）。

③關閉廣告攔截程式

若你的網頁瀏覽器有安裝廣告攔截擴充功能（增益集）的話，請將其關閉（停用）。

④先登出 Google 帳戶後再重新登入

雖說或許只是恰巧因其他導致問題的因素解決了，所以才得以正常運作，但我們的
確曾遇到過登出後再重新登入就能順利連接網站的狀況。此外，完全關閉瀏覽器或
電腦後再次開啟之類的動作，有時也能解決連不上的問題。

⑤利用無痕式視窗進行私密瀏覽

為了排除快取及 Cookie 的影響，你可以試著在 Chrome 的無痕式視窗中登入 GTM
後進行預覽。

⑥取消「Include debug signal in the URL」項目

在 GTM 中執行預覽模式後會彈出「Connect Tag Assistant to your site」畫面，請取消位於此畫面最下方的「Include debug signal in the URL」項目後，再按下「Connect」鈕。

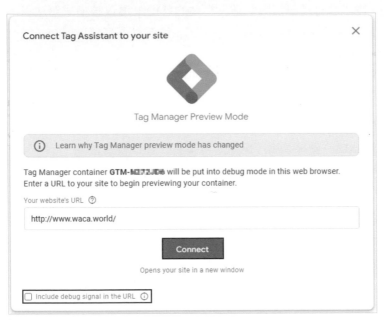

圖 A-2-1　「Connect Tag Assistant to your site」畫面

Google Tag Assistant 的使用方法

Google Tag Assistant 是 Google Chrome 的擴充功能，可用來檢驗安裝於網站之追蹤程式碼的運作狀況、在發生問題時進行除錯、簡單迅速地確認代碼的動作。

只要利用 Google Tag Assistant，便能記錄網站上的使用者行為（流程）以確認是否有問題，還能以報表的形式查看其結果。此外在有缺陷或有需要改善的部分時，也會將問題所在顯示出來。

安裝此擴充功能後，就能在擴充功能列上看見藍色的「Google Tag Assistant」圖示。

Google Tag Assistant 的使用方法

Google Tag Assistant 預設是處於「睡眠模式」，並不運作，也不會檢查使用者在網站內的行為。若要啟用它，就點按其藍色代碼圖示後，點選「Enable」。

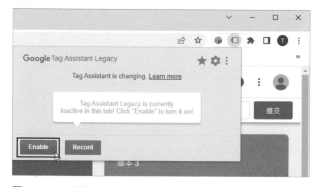

圖 A-3-1　要使用 Google Tag Assistant 的話，請點按「Enable」

點按「Enable」後，請重新載入頁面。若該網頁中有安裝 GA 等 Google 相關服務，則 Google Tag Assistant 的圖示就會顯示出找到的代碼數量。

這時再次點按 Google Tag Assistant 的圖示，便可看見所有找到的代碼的清單。你可點按其中列出的代碼以查看該代碼所取得之資料、可改善的問題點，以及發生的事件數量等。

※Google Tag Assistant 所找到的「代碼」，是嵌入於網站中的 Google 相關服務的程式碼。換言之，GTM 本身在 Google Tag Assistant 內也會被視為一個「代碼」。因此要對 GTM 內設定的代碼進行偵錯，或是檢查變數及觸發條件等資料時，請使用 GTM 的預覽功能。

Google Tag Assistant 所顯示的顏色

Google Tag Assistant 的圖示會依據代碼的運作狀況分別顯示出不同的顏色。啟用 Google Tag Assistant 並重新載入網頁後，其圖示會變成以下四種顏色之一。

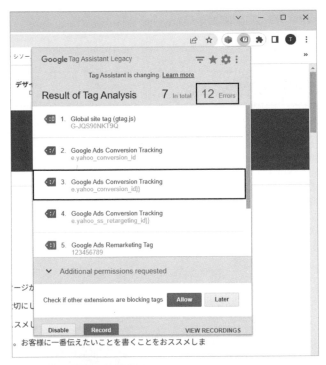

圖 A-3-2　不同的圖示顏色

代碼的顏色所代表的意義

「紅色」：代表代碼（ 例如 Google Ads 轉換代碼等 ）中存在著必須處理的重大問題。請點按紅色圖示以查看問題的詳細內容及修正方法。

「黃色」：代表代碼中存在著可能會影響所測量之資料的問題，需要加以處理。若不處理，則所測量的資料可能會不一致。

「藍色」：代表只有輕微的問題。雖不如紅色和黃色的問題那麼嚴重，但建議最好還是要確認一下該代碼的運作狀況。

「綠色」：代表代碼正常運作，沒有問題。

點按清單中的各個代碼，即可查看詳細內容。

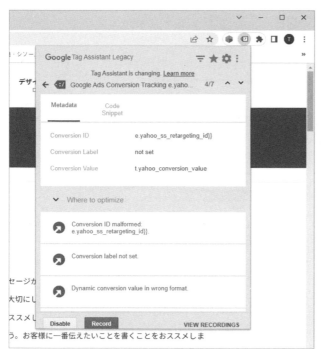

圖 A-3-3 代表有重大問題的紅色圖示

行為記錄

Google Tag Assistant 還有一個能夠記錄在網站上的行為的功能。藉由記錄使用者在網站上的行為（亦即記錄工作階段），便可確認設置於網站中的代碼是否如預期般正常運作。

A-3

例如以電子商務網站來說，只要依序執行並記錄選擇商品、下單、付款等必須經歷的頁面，即可將這一系列的操作行為做為事件／頁面瀏覽來進行確認。當一連串行為中的代碼出現錯誤時，便能確認發生的錯誤為何，以及發生錯誤之處。要進行行為記錄時，請按下 Google Tag Assistant 圖示後，點按「Record」鈕。

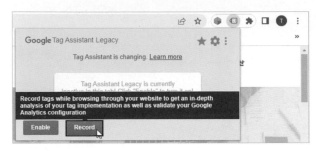

圖 A-3-4　要進行行為記錄時，請按「Record」鈕

接著重新載入網頁，便會開始記錄，而在整個工作階段中，Google Tag Assistant 圖示都會顯示出一個紅點。要停止記錄時，就按下 Google Tag Assistant 圖示後，點按其中顯示出的紅色「STOP RECORDING」鈕。

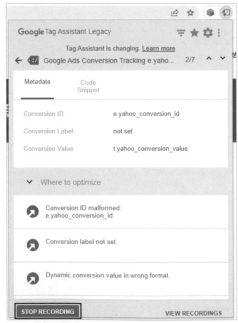

圖 A-3-5　要停止記錄時，就點按「STOP RECORDING」鈕

最後按下「Show Full Report」鈕，即可檢視所記錄之工作階段清單的報表。

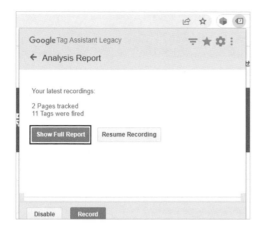

圖 A-3-6　要檢視所記錄之工作階段清單時，請點按「Show Full Report」鈕

Google Tag Assistant 報表

於點按「Show Full Report」鈕所顯示出的報表中，可看到關於該工作階段中各個行為的詳細資訊。具體而言，可檢視的報表包括下列這兩種。

1. TAG ASSISTANT REPORT

2. GOOGLE ANALYTICS REPORT

※ 瀏覽器若有安裝並啟用「Google Analytics（分析）不透露資訊外掛程式」，會顯示「No hits were found in this recording.」的錯誤訊息而無法檢視 GOOGLE ANALYTICS REPORT。這時請先停用該擴充功能後，再嘗試一次。

TAG ASSISTANT REPORT 會顯示出記錄過程中瀏覽的所有頁面發生的代碼狀況。你可從左側選單指定篩選條件以縮小顯示的資料範圍，或於上方切換要檢視的報表。

A-3

● 篩選代碼

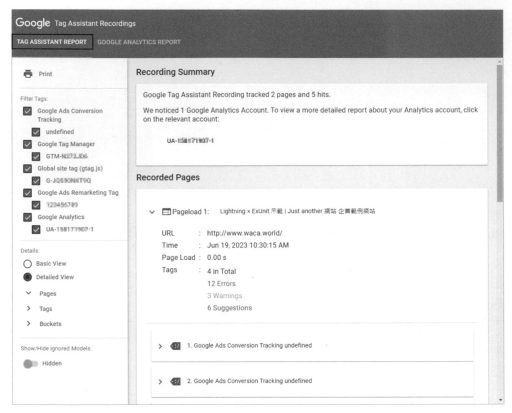

● 切換要檢視的報表

於上方點選要檢視的報表後，選擇要檢視的資源與資料檢視，即可切換並顯示該報表的內容。若有錯誤，就會顯示出警告訊息。

圖 A-3-8　選擇要檢視的資源與資料檢視

GOOGLE ANALYTICS REPORT 中的 Flow 可供檢視工作階段中的一連串行為。展開其中的項目，就能看到點擊數與來源、自訂維度所取得的資料等詳細資訊。

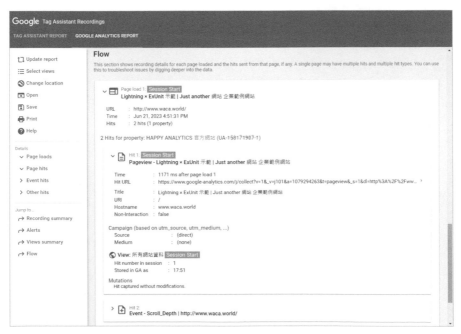

圖 A-3-9　可詳細檢視工作階段中的一連串行為的畫面

● Flow 報表的檢視方式

Page load	
項目	說明
URL	所載入之網頁的 URL
Time	網頁載入的發生時間。以 Page load 1 為起點，顯示開始載入的日期與時間。之後的 Page load 則顯示自 Page load 1 發生以來經過的時間
Hits	載入頁面時產生的點擊數，以及獲得點擊的資源數

Page Hit	
項目	說明
Time	自 Page load 1 發生以來經過的時間
Hit URL	傳送給 Google Analytics 的點擊的 URL。可點按以查看完整的 URL
Title	網頁標題
URI	所傳送的點擊的 URI
Hostname	點擊的主機名稱
Event information	隨點擊傳送的事件資訊
Custom Dimensions	隨點擊而設定的自訂維度或指標的值

自訂報表的建立方法

在 GA4 中建立自訂報表

1. 於 GA4 的左側選單選擇「探索」後，點按右側畫面中名為「空白」的縮圖。

圖 A-4-1　GA4 的「探索」畫面

2. 接著點按左側「維度」項目中的「+」按鈕。

圖 A-4-2　匯入維度

3. 切換至「自訂」分頁後，點按「自訂」以展開其中內容，就會看到 Chapter 6 所建立的「文章作者」與「文章類別」，請將兩者都勾選起來。

圖 A-4-3　選取自訂的維度

4. 接著切換至「預先定義」分頁，點按「網頁／畫面」以展開其中內容，勾選其中的「網頁標題」後，點按右上角的「匯入」鈕。

圖 A-4-4　勾選「網頁標題」

5. 繼續於「探索」畫面點按左側「指標」項目中的「+」按鈕。

圖 A-4-5　匯入指標

6. 切換至「自訂」分頁後，點按「自訂」以展開其中內容，就會看到「詳讀的頁面瀏覽數」，請將之勾選起來。

圖 A-4-6　選取自訂的指標

7. 接著切換至「預先定義」分頁，點按「網頁 / 畫面」以展開其中內容，勾選其中的「瀏覽」後，點按右上角的「匯入」鈕。

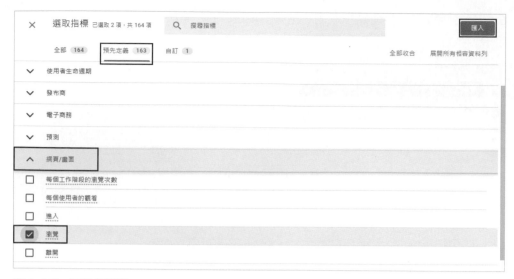

圖 A-4-7　勾選「瀏覽」

8. 已匯入的維度會顯示在「變數」欄的「維度」項目中，請將之拖放至右邊「分頁設定」欄中的「列」。

圖 A-4-8　將維度配置到列

9. 已匯入的指標會顯示在「變數」欄的「指標」項目中，請將之拖放至右邊「分頁設定」欄中的「值」。

圖 A-4-9　將指標配置到值

10. 點按「分頁設定」欄中「篩選器」項目下的「拖放或選取維度或指標」，選擇「文章作者」。

圖 A-4-10　設定篩選器

11. 將篩選器的條件選為「不完全符合」，並將值輸入為「null」後，點按「套用」。

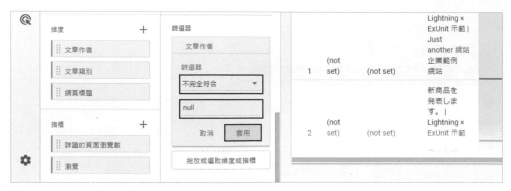

圖 A-4-11　設定篩選器的條件

12. 以上都設定完成後，就會顯示出如下的報表。不過在原始的顯示狀態下，報表畫面較窄，不易檢視，這時只要分別點按「變數」及「分頁設定」欄的標題部分右側的「_（底線）」圖示，就能將該欄最小化至畫面底端，讓報表有更大的寬度可顯示。

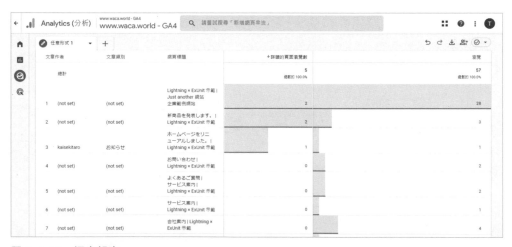

圖 A-4-12　探索報表

在 WordPress 上導入 GTM 的方法

於 Chapter 3 中，在將 GTM 導入至 WordPress 時，我們利用了「Lightning」佈景主題，而在此則是要介紹如何使用 Lightning 之外的其他工具來導入 GTM。另外在導入 GTM 時，為了避免發生重複計測的狀況，請務必確認網站是否已經導入 GTM 或 Google Analytics 等的分析代碼。

Google Tag Manager for WP

想在 WordPress 上使用 GTM 時，「Google Tag Manager for WP」（以下簡稱 GTM4WP）是一般會建議使用的外掛程式之一。現在就讓我們實際安裝 GTM4WP 試試。

1. 在 GTM 的「工作區」畫面中，將顯示於畫面上端以「GTM-」起頭的容器 ID 複製起來。

圖 A-5-1　複製 GTM 的容器 ID

2. 登入至 WordPress 的管理畫面，於左側選單點選「外掛 > 安裝外掛」。在右側畫面的搜尋欄位中輸入「google tag manager」，即可找到「GTM4WP」外掛程式，請點按其「立即安裝」鈕。安裝完成後，會顯示出「啟用」鈕，請點按該鈕以啟用此外掛程式。

圖 A-5-2　安裝「GTM4WP」外掛程式

3. 這時 WordPress 管理畫面左側選單的「設定」中會新增一個「Google Tag Manager」選項，請點按該選項。

圖 A-5-3　WordPress 的「設定」選單

4. 將步驟 1 複製的 GTM 容器 ID 貼入至「一般設定」分頁內的「Google 代碼管理工具容器 ID」欄位。「啟用/停用容器代碼」和「GTM 容器代碼相容模式」都保留預設設定（分別為「啟用」和「頁面頁尾」），然後點按「儲存設定」鈕，即完成設定。

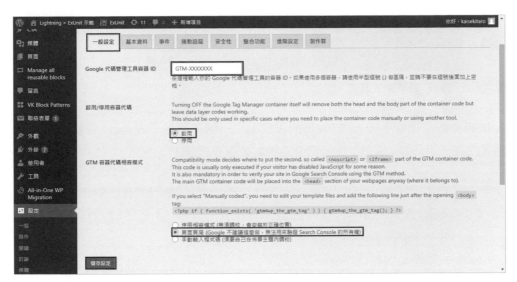

圖 A-5-4　設定 GTM4WP

GTM4WP 的優點在於可輕鬆導入 GTM，而且內建傳送文章作者名稱及文章分類、發布日期等資料的功能。不過其 GTM 程式碼的設置位置與 Google 所建議的位置不同，故有些你想執行的動作有可能會無法順利執行。雖說就一般的測量來說都不成問題，但使用時還是要注意到這點。

Code Snippets

若要在不使用外掛程式的前提下將 GTM 導入至 WordPress，就必須將安裝用的程式碼寫進 function.php 或 header.php 中。然而一旦所使用的佈景主題更新，有時就可能導致 GTM 的程式碼消失，因此這種做法並不適合對 WordPress 不熟悉的人。

接下來要介紹的「Code Snippets」這個外掛程式，其效果就和將程式碼寫進 function.php 一樣，但又能避免受到佈景主題更新的影響。另外它還有個優點，那就是不同於 GTM4WP，其 GTM 程式碼是可以設置在 Google 建議的位置的。以下便為各位說明利用「Code Snippets」外掛程式導入 GTM 的做法。

1. 在 GTM 的「工作區」畫面中，點按畫面上端以「GTM-」起頭的容器 ID。

圖 A-5-5　點按 GTM 的容器 ID

2. 這時會顯示出 2 個安裝 GTM 用的程式碼，一個是用在「<head> 標籤」內，一個是用在「<body> 標籤」下，請分別複製並保存起來。

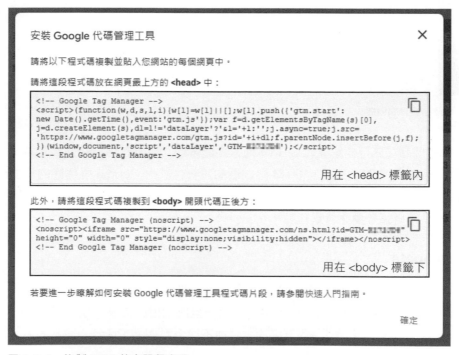

圖 A-5-6　複製 GTM 的容器程式碼

3. 登入至 WordPress 的管理畫面，於左側選單點選「外掛 > 安裝外掛」。在右側畫面的搜尋欄位中輸入「code snippets」，即可找到「Code Snippets」外掛程式，請點按其「立即安裝」鈕。安裝完成後，會顯示出「啟用」鈕，請點按該鈕以啟用此外掛程式。

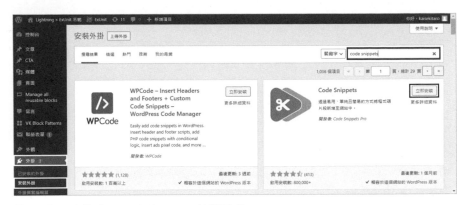

圖 A-5-7 安裝「Code Snippets」外掛程式

4. 這時 WordPress 管理畫面的左側選單中會新增一個「程式碼片段」選項,請點按該選項並選擇「新增程式碼片段」。

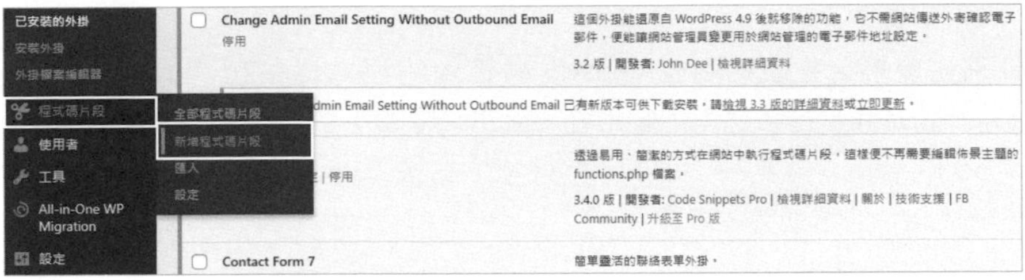

圖 A-5-8 選擇「程式碼片段 > 新增程式碼片段」

5. 輸入如下的程式碼後,點選「Only run on site front-end」項目。

Title:GTM Snippets

Code:

```
function add_gtm_head_snippet() { ?>

<?php }
add_action('wp_head', 'add_gtm_head_snippet');

function add_gtm_body_snippet() { ?>

<?php }
add_action('wp_body_open', 'add_gtm_body_snippet');
```

A-5

圖 A-5-9　新增 GTM 用的程式碼片段

6. 接著分別將步驟 2 複製的用在 <head> 標籤內的程式碼貼在「function add_gtm_head_snippet() { ?>」之下，將用在 <body> 標籤下的程式碼貼在「function add_gtm_body_snippet() { ?>」之下。貼好後，點按「Save Changes」鈕，最後再按下「Acivate」鈕，即完成設定。

圖 A-5-10　加入 GTM 的容器程式碼

GTM 的命名規則

在運用 GTM 時，很可能會有多人一起使用，或是代碼、觸發條件、變數等的數量變得十分龐大的狀況。因此一旦負責人員在替代碼命名時毫無規則，那麼為了確認哪個代碼具有什麼作用，往往必須特地檢查代碼的設定內容，這可能會導致運用效率變差。

而解決這種問題的最好辦法，就是在替代碼、觸發條件、變數命名時，先制定好命名規則。以下就為各位介紹一些命名規則的例子。

代碼（前綴皆為大寫）	
代碼類型	命名規則
Google Analytics（分析）：GA4 設定	GA4 - SET -
Google Analytics（分析）：GA4 事件	GA4 - EV -
Google Ads 轉換追蹤 ※ 用於 Listing 廣告	ADW - CV - CPC -
Google Ads 轉換追蹤 ※ 用於展示型廣告	ADW - CV - DSP -
Google Ads 再行銷	ADW - RM -
自訂 HTML	HTML -
Google Optimize	GOPT - ●●●●
Google 問卷調查網站的滿意度	GSRVY - ●●●●

觸發條件（前綴僅字首為大寫）	
觸發條件類型	命名規則
DOM 就緒	Dom - ●●●●
網頁瀏覽	PageView - ●●●●
所有元素	Click - ●●●●
僅連結	LinkClick - ●●●●

觸發條件類型	命名規則
捲動頁數	Scroll - ●●●●
元素可見度	Element - ●●●●
自訂事件	Custom - ●●●●
計時器	Timer - ●●●●
觸發條件群組	Group - ●●●●

變數（前綴皆為小寫）	
變數類型	命名規則
HTTP 參照網址	http - ●●●●
網址	url - ●●●●
JavaScript 變數	jsv - ●●●●
自訂 JavaScript	cjs - ●●●●
資料層變數	dlv - ●●●●
第一方 Cookie	cookie - ●●●●
DOM 元素	dom - ●●●●
自動事件變數	aev - ●●●●
元素可見度	evis - ●●●●
Google Analytics（分析）設定	gaset - ●●●●
自訂事件	cev - ●●●●
對照表	lut - ●●●●

比較依命名規則更改代碼名稱前與更改代碼名稱後的代碼清單可知，在依命名規則更改之前，代碼清單預設是依名稱採取遞增排序，與代碼類型無關（不過可藉由點按「類型」標題，改依類型遞增排序）。當代碼的數量不多時，這樣不會有什麼問題，然而隨著其數量不斷增加，就會需要花力氣搜尋哪個代碼到底在哪裡了。相對於此，依據命名規則更改代碼名稱之後，不需使用代碼搜尋功能，也不必改依類型排序，只要一進入代碼畫面，各個代碼就直接呈現依類型排序的狀態，光是如此細微的差異，便足以省下不少尋找代碼的時間。

在有多人同時管理 GTM 的情況下，若沒有一定的規則，很可能無法只靠名稱來判斷「哪個代碼的作用為何」。因此在由多人共同執行的專案中，也最好先決定代碼、觸發條件及變數的命名規則，才能讓後續的管理及運作更為方便。

依命名規則更改代碼名稱之前

代碼	
名稱 ↑	類型
$測量表單元素的點擊數(GA4)	Google Ana GA4 事件
ContactForm7的事件	自訂 HTML
Facebook像素代碼	自訂 HTML
Google Ads再行銷代碼	Google Ads
Google Ads轉換代碼	Google Ads
Google Ads轉換連接器	轉換連接器
Google Analytics(UA)全PV計測	Google Ana 通用 Analyti
Yahoo廣告再行銷代碼	Yahoo広告 サイトリター グ
Yahoo搜尋廣告轉換測量代碼	Yahoo広告 コンバージ
Yahoo網站通用代碼	Yahoo広告 ルタグ

依命名規則更改代碼名稱之後

代碼	
名稱 ↑	類型
ADW - CV - DSP - Google Ads轉換代碼	Google Ad
ADW - RM - Google Ads再行銷代碼	Google Ad
GA4 - EV - 測量寄送電子郵件(mailto)點擊數(GA4)	Google An GA4 事件
GA4 - EV - 測量按鈕的點擊數(GA4)	Google An GA4 事件
GA4 - EV - 測量社群網站按鈕的點擊數(GA4)	Google An GA4 事件
GA4 - EV - 測量詳讀的頁面瀏覽數(GA4)	Google An GA4 事件
GA4 - EV - 測量點按選單(GA4)	Google An GA4 事件
GA4 - EV - 電話號碼點擊數的測量(GA4)	Google An GA4 事件
GA4 - SET - 外部連結點擊數的測量(GA4)	Google An GA4 設定
GA4 - SET - 導入Google Analytics(GA4)	Google An GA4 設定

圖 A-6-1　有無遵循命名規則的代碼清單比較

另外還有更進一步的技巧可運用。假設在採取了剛剛介紹的命名規則的情況下，將代碼、觸發條件及變數分別納入所屬的專案資料夾中，這時就如以下左圖的「處理前」所示，資料夾內的各個項目不分種類，都是依名稱採取遞增排序的方式列出。在這種情況下，隨著資料夾內的項目日益增多，項目的瀏覽及尋找都會變得越來越不方便，若能如以下右圖的「處理後」所示，在代碼名稱的開頭處加上「#」，在觸發條件名稱的開頭處加上「%」，並在變數名稱的開頭處加上「*」等符號，即可依項目的種類遞增排序顯示。

還有，在正式發布之前，難免會需要多次修改代碼、觸發條件及變數，而每次要修改時，為了找到要修改的項目總是得花費一番功夫。為此，對於需要頻繁測試的項目，可在其名稱的開頭處加上「!」，使之於遞增排序時顯示在最前面，作業起來就會非常方便。

A-6

處理前

Google Analytics (9)	⌄ ⋮
☐ 名稱 ↑	類型
☐ Click - 按鈕點擊	Trigger
☐ GA4 - EV - 測量寄送電子郵件(mailto)點擊數(GA4)	Tag
☐ GA4 - EV - 測量按鈕的點擊數(GA4)	Tag
☐ GA4 - EV - 測量社群網站按鈕的點擊數(GA4)	Tag
☐ GA4 - EV - 測量詳讀的頁面索覽數(GA4)	Tag
☐ GA4 - EV - 測量點按選單(GA4)	Tag
☐ GA4 - EV - 電話號碼點擊數的測量(GA4)	Tag
☐ lut - 對照表_排除相關人員	Variable
☐ PageView - 排除相關人員觸發條件	Trigger

處理後

Google Analytics (9)	⌄ ⋮
☐ 名稱 ↑	類型
☐ !#GA4 - EV - 電話號碼點擊數的測量(GA4)	Tag
☐ #GA4 - EV - 測量寄送電子郵件(mailto)點擊數(GA4)	Tag
☐ #GA4 - EV - 測量按鈕的點擊數(GA4)	Tag
☐ #GA4 - EV - 測量社群網站按鈕的點擊數(GA4)	Tag
☐ #GA4 - EV - 測量詳讀的頁面索覽數(GA4)	Tag
☐ #GA4 - EV - 測量點按選單(GA4)	Tag
☐ %Click - 按鈕點擊	Trigger
☐ %PageView - 排除相關人員觸發條件	Trigger
☐ *lut - 對照表_排除相關人員	Variable

圖 A-6-2　資料夾內的項目清單比較

Google 代碼管理工具(GTM)工作現場實戰指引

作　　　者：神谷英男 / 石本憲貴 / 礒崎将一
監　　　修：小川卓
書籍設計：三宮 暁子（Highcolor）
編　　　輯：畠山 龍次
譯　　　者：陳亦苓
企劃編輯：蔡彤孟
文字編輯：王雅雯
設計裝幀：張寶莉
發 行 人：廖文良

發 行 所：碁峰資訊股份有限公司
地　　　址：台北市南港區三重路 66 號 7 樓之 6
電　　　話：(02)2788-2408
傳　　　真：(02)8192-4433
網　　　站：www.gotop.com.tw
書　　　號：ACN037800
版　　　次：2023 年 11 月初版
建議售價：NT$580

國家圖書館出版品預行編目資料

Google 代碼管理工具(GTM)工作現場實戰指引 / 神谷英男, 石
本憲貴, 礒崎将一原著；小川卓監修；陳亦苓譯. -- 初版. -- 臺
北市：碁峰資訊, 2023.11
　　面；　公分
　　ISBN 978-626-324-637-9(平裝)
　　1.CST：網際網路　2.CST：搜尋引擎　3.CST：網路行銷
312.1653　　　　　　　　　　　　　　　　112015454